不痛苦減重，一次就成功

劉伯恩醫師、潘俊亨醫師◎著

減重名醫破解
讓你一再失敗的
NG減重法

CH3　**總是失敗的NG減重法** 091

不痛苦減重,一次就成功 減重名醫破解讓你一再失敗的NG減重法

CH6 | **名醫的輕盈平衡減重方** 171

目錄

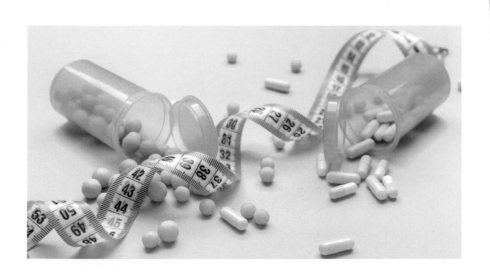

世界衛生組織在1997年正式宣布肥胖為全球重要的健康問題，因為肥胖已被證明與許多重大疾病相關，包括：高血脂症、動脈粥狀硬化、心腦血管疾病、高血壓、糖尿病等；除此之外，肥胖也是許多癌症的危險因子。

雖然現代人已有肥胖是疾病的觀念，為什麼還是會不知不覺就胖了呢？其實，肥胖是一種複雜的疾病，造成肥胖的成因眾多，因此若是民眾對於肥胖與「飲食、運動、行為」的關係不了解時，常常在快速減重後又立即復胖。故有人云：「減重難、維持體重更難」。

劉伯恩醫師高瞻遠矚，可謂國內專業減重鼻祖。他於20年前就決定把家醫科診所改為減重專門診所，並在台北市立忠孝醫院開設全國第一個減重門診。除此之外，他還身體力行，用1年半左右的時間，將自己的體重從75公斤減到53公斤，且此後20年來沒有復胖過，蔚為美談。他既是減重之路的「過來人」，想必「箇中真滋味、崎嶇路難行」，減重之路真實走過的人最清楚，也一定有最多的好方法；今日著書，有幸拜讀，感而成序。

潘俊亨醫師，知名的婦產科醫師，是愛麗生醫療集團創辦人，旗下有婦產科診所，亦有產後護理中心，長期站在婦女健康服務的第一線；近年來，他又多了一個斜槓身分，國內精研性學的專家，相關著書甚多，用詼諧的文字，探討人們如何進行親密關係；性這個議題常常是害羞忌諱的，而隱晦的態度反而使得「性」模糊化。潘醫師以大方的態度談性，讓有此需求的患者可以面對問題，進而解決問題。

此書立意「肥胖終結者」，劉醫師且從各個角度探討如何終結肥胖，包括：飲食、運動、以及醫療等各種方法，內容五花八門、包羅萬象；不但如此，還探討民眾對減重的迷思，及可能誤聽誤用的錯誤減重方法，如此實用的「減重工具書」，真的打破我們對於減重的刻板印象。過去人們常認為肥胖是缺乏自制力造成，因為意志力不足而導致減重失敗；其實，減重要成，需要有完整的減重計畫，而劉醫師在此書的分享，便是從「飲食、運動、醫療行為」多元下手，便可終結惱人的肥胖，邁向健康。

　　另，此書值得一題的是過去鮮少有著作討論到「肥胖與性」的關係，在此書中也有深入淺出的描述。潘醫師在此書中以科學的角度，探討肥胖會降低性的慾望，而減重更可幫助更年期過後的肥胖患者找回「性福」。除此之外，也饒有趣味的討論到食慾與性慾相關的科學原理，此章節內容趣味橫生，有許多前所未聞的觀點。如同《孟子·告子章句上·第四節》所言：「食色，性也」。溫飽與慾望是人類喜歡美好事物的天性，在此間行「中庸之道」，便為真道。「中庸」意旨君子隨時做到適中，無過無不及。而飲食、慾望何嘗不是如此；讀此書，願諸君皆能覓得減重的「中庸之道」！

蘇聰賢

馬偕紀念醫院副院長、
馬偕紀念醫院婦產部暨婦女泌尿專科資深主治醫師

　　兩位作者都是我相交多年的好友，也皆是在專業領域令人景仰的醫家，欣聞兩人合著之書即將出版，又是社會上許多人關心的減重主題，邀我作序，樂意之至。

　　幾十年前，戰後的關係，地球上很多人都處在衣食短缺的狀態，能吃飽是多美的事，根本不可能餐餐都大魚大肉，那個年代，減重無異是天方夜譚；承平日久，大家豐衣足食，生活漸有餘裕，身形也愈形豐潤；再經歷幾十年的經濟發展，愈來愈多人能過上好日子，衣食早已不缺，嘗遍美食成為日常，這本應該是好事，無奈人類的身體是幾百萬年前的基因決定的。為了生存，遠古人類利用節儉基因將難得能吃飽、多餘的食物熱量存在身體裡，確保生命能延續，因為下一餐在哪裡仍不可知！

　　減重的原理很簡單，就是每日「吃下肚的熱量」少於「基礎代謝加上活動消耗的熱量」，多了，人體就會將它儲存起來，變成脂肪，存在小腹、大腿、手臂、臀部。現代人飲食無憂，卻開始煩惱起過重的問題，再加上高齡社會來臨，罹患三高、糖尿病、心血管疾病等慢性病的人口愈來愈多，而這些疾病無不與肥胖有關。

　　做為一名醫者，關心的自然是民眾的健康，很多年前我即投入減重醫療的領域，有幸幫很多人利用減重找回健康；體重管理在今日已是主流社會意識，樂見更多這樣的聲音喚起民眾對減重的重視。

　　本書從肥胖的文化源流，現今常見的減重方法、減重迷思，到有效可行的減重方案介紹，甚至肥胖與性慾、食慾的關係，跳

脫傳統減重書籍的刻板模式，是知識性、實用性兼具的好書，推薦給苦於減重屢次失敗的人，祝你這次能減重成功。

林政誠

醫學博士、減重名醫

不痛苦減重，一次就成功 減重名醫破解 讓你一再失敗的NG減重法

　　肥胖一直以來都是全球關心的議題，許多慢性疾病的防治都已有顯著改善，但肥胖的嚴重度卻有增無減。特別是近年新冠病毒的重症患者以肥胖者為大宗，甚至肥胖者在接種疫苗後的抗體形成率也比正常體重者來得低，因此全球的主流醫學已開始加重力度在肥胖的探討及防治。

　　在20幾年前，國內體重的問題大多是由一些商業機構在關注及處理，但體重的問題應該屬於醫療，當初我在一項公開學術演講會中提出了「雞尾酒減重法」，其主軸就是針對東方人的肥胖體質，提出「處方、運動、飲食」三軌合一的量身訂製減重模式，雖然該訊息當時只有兩三台電視有報導，但萬萬沒想到，新聞露出後隔週的週一門診人數暴增了十倍以上，數個月後我也在公立醫院開設了國內第一個「減肥門診」，正式把減肥從商業模式帶到正規的醫療體系，由於國人有減重需求者為數眾多，使得門診量曾經有一天超過400人的紀錄。

　　但是要在保守嚴謹的醫療體系中做個先驅者是一條很辛苦的路，因為那是一個新創的治療模式，過去的治療方法大多是針對油脂類做處理，且幾乎都是制服式地給予相同的處方，因此對於不同原因引起的肥胖就無法有立竿見影的效果。「雞尾酒減重法」因為是從醫療的角度介入，故其效果遠優於當時的商業模式，因此在很短時間內聲名就遠播到全國各角落，甚至亞洲及美洲地區的華人也蜂擁而來探詢如何使用「雞尾酒減重」。

　　經過了20年的時間，雖然「雞尾酒減重」的模式已慢慢被人淡忘，但值得欣慰的就是其「量身訂製」的概念已經變成減重的

一種主流模式，目前許多醫學中心採用的仍然是以我當初提出的模式進行肥胖治療。

　　當然，醫學模式的處置也要隨著時代的進步及人們飲食、生活環境之更替而有所調整，有鑑於肥胖問題再次成為全球關注的焦點，本人決定將歷年來在臨床減重領域中的相關心得及經驗再次編輯成書，並與婦女醫學權威潘俊亨醫師共同出版這本終結肥胖的工具書，讓想要減肥的人能先了解如何才是正確的減重模式。

　　書中也點出一些錯誤無效的流行減重方式，更重要的是，本書也將筆者歷年來所看到的關於減重的大盲點，也就是如何防治復胖的問題，提出了簡單可行的建議，希望這本書不只是提供一些減重的醫學新知，也能成為人們如何讓減重生活化的工具書，讓想減重的人能快快開始減重計畫，更能從中享「瘦」減重後健康的美好生活。

「肥肥終結者」劉伯恩 祝福您

2021.12.25.

自2019年年底以來，全世界最重要的新聞就是新冠病毒，從一開始的陰謀論，到引起全人類恐慌、每天發布感染及死亡人數，甚至是後來的疫苗、社交防疫解禁與否，再再都引起世人的關注，其中有一個觀點，身為醫師，我認為有必要提醒大家注意，那就是「肥胖」與新冠病毒的關係。

根據統計，感染新冠病毒的重症及死亡者，甚至是注射疫苗後猝死案例，許多都是三高患者或是重度肥胖的人，為什麼這些人面臨疾病威脅時的重症及死亡風險較一般人高呢？要知道，肥胖就是身體慢性發炎，身體若長期處於這種狀態，發炎物質經年累月持續地刺激正常細胞，人體免疫力變差，當然容易生病。

且肥胖不只與新冠有關，還與高血壓、心臟病、糖尿病等慢性病，甚至與性慾及食慾有關，這些論述平常極易見到，在此不做論述，若說新冠病毒的出現與人類健康有絲毫的正向聯繫，那就是喚起人類對肥胖是一種疾病的重視。

從醫30多年，門診中發現很多病患都為肥胖所苦，為了健康，也為了有纖瘦的身材，讓自己看起來更有吸引力，她們努力嘗試各種減重方式，從吃的、用的、穿的、塗抹的，各式減重方法真是令人眼花繚亂，還有人辛辛苦苦地做運動，可能因為不得法或是天生沒有運動細胞，多數都是半途而廢、不了了之。

可以說，減肥在人們「敢秀、愛秀」的今日，幾乎已成為全民運動，身為醫師，也希望作為病人的表率。

我個人曾經從體重82.5公斤的最高點在半年內降到62公斤，過程中我深刻的體驗到，減重是口慾和意志力的拔河，飲食是人

生之大慾，如果沒有堅定的意志力，人要戰勝美食的誘惑是極端困難的，這也是多數人減重一再失敗的原因。

其實減少體重的方法有許多，公式只有一個：吃進去的熱量少於消耗的熱量，且這種狀態必須要長期維持，說起來簡單，但要長久堅持卻很困難！

脂肪，這種營養物質的文化含義隨著人類社會從商業、文化、醫療以及現今媒體的發展而不斷變化，啟蒙運動也徹底改變了我們對脂肪和肥胖的認知，在今日，你可以不必在乎別人對你肥胖的身軀指指點點，但你不能不知道肥胖對健康的危害，以及在高齡社會來臨的現代，肥胖相關疾病所造成的醫療資源浪費，所以你必須認真對待減重這件事，而且現在你已經沒有藉口，因為醫藥科技的進展，已經貼心地幫人類找到了解方。

本書從肥胖的成因、肥胖與健康的關係、為什麼減重總是失敗、最有效率的減重法，希望幫助你徹底擺脫肥胖，做更有自信的自己。

潘俊亨

古代人由於物資缺乏，吃飽穿暖成為財富的象徵，不管男女、東西方，肥胖都被認為是一種美；近代以來，文明進展，人類壽命延長，物質的滿足已廣及普羅大眾，肥胖作為富足的象徵於是起了變化。

在1751年出版的法國《百科全書》中，首次出現「肥胖症」這個條目，它的定義為「身體過度豐滿」，是一種「與消瘦相反的疾病」。需知，這時期的肥胖症指的不是現今醫學意義上的疾病，而是一種社會觀念中的「不正常」。基於階級社會的偏見，這種病特別偏愛指責女性和窮人，例如，肥胖的男人很少被認為是病人，但肥胖的女人總是受到指責；再如，窮人肥胖是病，銀行家和富商大腹便便則是財富和地位的象徵。

到了19世紀，由於工業革命興起，便利的生產技術極大地改善了人類的物質生活，肥胖在此時已不再是上層階層的專利，豐衣足食的農民和工人也愈來越多。

回顧1866年的法語辭典中，「豐滿」一詞的解釋還是「身體狀態良好」；但只差距不到20年，在1884年版的辭典中，「豐滿」的定義成了「一個胖子」。在這樣的社會壓力下，歐洲中上層社會人士採取節食、按摩、泡溫泉、爬山等方法來努力減重，而為了掌握瘦身成效，量體重成為日常生活不可缺少的一部分。

眼看著肥胖人群愈來愈多，當時的歐洲科學界提出了肥胖有可能源於人體內分泌失調的觀點，並認為肥胖與飲食和運動無關，是一種真正意義上的疾病。但人們對此警示似乎視而不見，

並不關心一個人是因為患病還是因為貪吃、懶惰而肥胖，畢竟，對窮怕了的人來說，能吃、有得吃，怎能不說是一種幸福。

隨著工業化社會帶來的生活便利和現代娛樂興起，西方人對胖瘦的觀念發生了根本性的變化。在以往的經典美術作品中，瘦是死亡、病痛、貧窮的象徵，但是到了20世紀，瘦意味著精緻，象徵著力量和自由，是個人自主意志的象徵；精力充沛的面孔、緊實的肌肉、苗條的身材，成了新時代人類美的理想典範。

如果說以前人們保持身材主要是為了形象的美觀，那麼從20世紀開始，身材則被賦與了前所未有的多重社會意涵，且隨著時

間推移，胖瘦與人類存在意義的相關層面有增無減。到了21世紀的今天，肥胖不僅與人們外在形象及人性內在關聯愈來愈緊密，還與健康產生了不可分割的連結。

20世紀末，三分之二的美國成年人被與肥胖有關的健康問題困擾，同時，肥胖產生的醫療開支占比也愈來愈大。但與以往不同的是，這時的窮人因為飲食結構缺陷問題導致肥胖，富人反而因為更精緻的生活、更注重養生，使得平均身材愈來愈苗條。胖瘦與社會階層之間的關係，無疑在這時發生了根本性的翻轉。

現如今，由於社會觀念和健康考量交互作用，好身材不僅被視為美麗和健康不可或缺的要素，還被當作評價個人自制力和社會責任感的標準，肥胖者經常被認為是不知自我控制、自我要求及缺乏責任感的人。甚至，肥胖問題有時還被上升到道德等級，胖瘦與否成了重要的社會評價指標，有廣告聲稱：「別讓體重壓垮你的身體和你的社會關係」，凸顯沒有好身材就可能意味著沒有信譽和朋友的窘境！

綜觀肥胖與人類社會發展的糾纏，且不管諸多歷史文化形象的包袱，在高齡社會已然到來的今日，可以這麼說，當生活愈好了，健康、長壽與外在便成為愈重要的事，為了擁有健康，享受財富，維持更好的人際關係，生活在現在社會，你必須更在乎自己的體重！

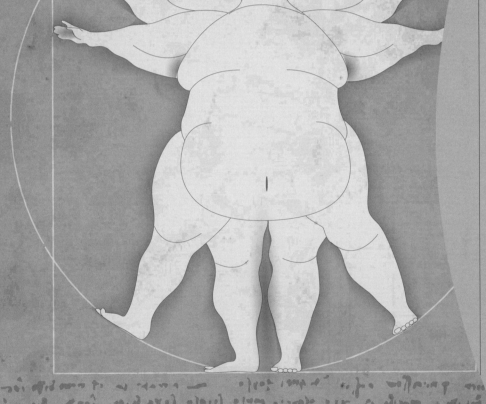

肥胖是萬病之源

　　過去，老一輩的人，甚至是醫界大老，都認為肥胖不是什麼大問題，但在今日，肥胖不只是外表美觀的問題，還與健康大有關係，更驚人的是：國人十大癌症種類中有六項和肥胖有正向關聯！

　　提到罹癌，每個人都會聞之色變，但說到肥胖，多數人都不太在意其嚴重性，甚至筆者在20幾年前提出肥胖是一種疾病後，不知是巧合還是看到我的論述，美國的食品藥物管理局（FDA）也正式將肥胖列為疾病的一種，此後，美國公民用在減重的醫藥支出可以申請保險給付。而我國法令也因為筆者的大聲疾呼，幾年前在熱心立委的提案下經過修法，已將病態性肥胖醫療納入健保給付範圍。

　　肥胖問題日形嚴重，減重話題的熱度就與日俱增，五花八門的減重方式真是讓人目不暇給，也讓人像霧裡看花。近幾年，全球因新冠病毒肆虐，許多重症、死亡的新冠肺炎患者都是體重過重，甚至是病態性肥胖者，不只如此，這些人接種疫苗後產生抗體的數量及速度也都比一般人來得少、來得慢，這使得肥胖問題的重要性及嚴肅性又一次浮上台面。肥胖真的是21世紀全人類必須共同面對及打擊的敵人，要如何有效處理肥胖問題，下面的章節會有更深入的介紹及解方。

肥胖就是一種病

世界衛生組織（WHO）認證「肥胖是一種慢性疾病」，與此同時，WHO也呼籲全球人類重視肥胖對健康的危害。

肥胖是因為攝取過多、消耗太少，導致熱量累積，並以脂肪的形式堆積在體內，除遺傳因素外，主要是受到致胖環境及生活型態因素的影響。

比起健康體重者，肥胖者發生糖尿病、代謝症候群及血脂異常的風險超過3倍，發生高血壓、心血管疾病、膝關節炎及痛風的風險則超過2倍。在2017年國人十大死因中，就有以下七項與肥胖有關：

- 癌症
- 心臟疾病
- 腦血管疾病
- 糖尿病
- 高血壓性疾病
- 腎炎、腎病症候群及腎病變
- 慢性肝病及肝硬化

要消除這些健康隱患，正視肥胖並起而健身減重，是肥胖人口的當務之急。研究也證實，當肥胖者減少5%以上體重，就可以為健康帶來許多益處，高血壓、糖尿病等與肥胖相關的疾病將可因此獲得改善。

肥胖的標準

國際上常用身體質量指數（body mass index，BMI）或腰圍尺寸來作為評估肥胖的指標。

$$BMI = \frac{體重（公斤）}{身高（公尺）^2}$$

例如：一個52公斤的人，
　　　身高是155公分

BMI值為：$\dfrac{52}{1.55^2}$ ＝21.6

依國內標準：

BMI值

＜18.5	18.5～24	24～27	27～30	30～35	＞35
體重過輕	健康體位	過重	輕度肥胖	中度肥胖	重度肥胖

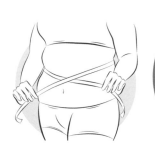

腰 圍

肥胖：

男性＞90公分
女性＞80公分

依據2013～2016年「國民營養健康狀況變遷調查」，我國成人過重及肥胖盛行率為45.4%（男性為53.4%，女性為38.3%），相較1993～1996年的32.7%及2005～2008年43.4%，顯示成人過重及肥胖盛行率有逐步增加的趨勢。

想知道你有沒有過重的問題，趕快算一算BMI值，看你是不是肥胖一族！

亞洲各國肥胖盛行率

依據世界肥胖聯盟（World Obesity Federation）2016年公布各國過重及肥胖盛行率（BMI≧25）資料，再參酌我國的統計數據，亞洲各國肥胖盛行率及排名如下：

排名	男性/盛行率	女性/盛行率
1	汶萊（61.5%）	汶萊（59.8%）
2	臺灣（53.4%）	馬來西亞（48.9%）
3	馬來西亞（46.6%）	臺灣（38.3%）
4	新加坡（46.4%）	泰國（34.3%）
5		香港（34%）
6		新加坡（33.8%）
7		印尼（32.4%）

認識肥胖症

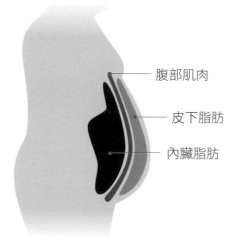

- 腹部肌肉
- 皮下脂肪
- 內臟脂肪

　　人的身體有250～300億個脂肪細胞，大部份位於皮下脂肪與腹部內臟外層，人們日常攝取食物後多餘的能量就是由這些細胞負責貯存，當細胞吸飽熱量脹大後，便會分裂成更多的脂肪細胞來貯存能量。

　　人類一生中有幾個發胖的關鍵期，分別是：

　　1.胎/嬰兒期：指孕期在母親體內的胎兒與產後的嬰兒時期，這時期母體攝取的熱量如果過多、或餵食牛乳等，會使胎/嬰兒的脂肪細胞增生較多。

　　嬰兒出生後的第1年體重通常會增加3倍，腹部脂肪會增加2倍。研究發現，嬰兒出生後第1年如果營養不夠，成年後不僅體內胰島素較高，中性脂肪（三酸甘油酯）也比較高，好的膽固醇則較低，這

些都是糖尿病的早期特點，因此，嬰兒出生後1年內必須給予足夠的有益營養，以維護其成年後的健康基礎。

2.少年期：這時期是生長激素分泌旺盛的成長期，生長激素除了會促進骨頭生長，也會促進脂肪分解，藉以提供能量給肌肉及骨骼作為成長之用。

3.孕產期：美國一項追蹤研究顯示，女性在生產後體重平均增加9公斤，而同齡無懷孕生產的對照組則只增加5公斤，顯示女性懷孕/生產容易增加體重，尤其是本來就過重的女性，產後增胖的風險更高；此外，研究也顯示，生愈多小孩的女性腰臀圍比也有愈高的趨勢。

女性為何在產後容易變胖？主要和生活形態改變有關，例如忙著帶小孩導致缺少運動，再加上產後頻繁進補，體重更容易增加，因此，預防之道在於改變產後進補觀念，飲食均衡攝取即可，當然還要多做運動。

4.中年期：因為基礎代謝變慢，加上活動量較少，且可能因為經濟能力較佳而經常食用高熱量美食，使得腹圍增加、內臟脂肪累積而出現肥胖。

5.更年期：研究報告指出，更年期若沒有經常做運動及進行飲食控制，經過4年半後體重平均會增加2.4公斤，且脂肪主要囤積在腹部。另外，使用女性荷爾蒙治療更年期不適症狀的女性，體重或許沒有改變，但體脂肪分佈的部位會與以往不同，主要囤積在臀部與大腿而不是腹部。

什麼是腰臀圍比？

　　定義肥胖除了計算BMI值，另可評估腰臀圍比，後者和糖尿病、心臟病的關聯性甚至更大。量腰圍時以肚臍為指標，水平繞肚子一圈，臀圍是以臀部向後最凸出的部位為指標，水平繞一圈，再以腰圍數值除以臀圍數值所得到的比值，即是腰臀圍比。如果腰臀圍比超過0.8，罹患心血管疾病的風險就可能增加。

　　世界衛生組織對於健康腰圍的定義是男性94公分（亞洲男性為90公分）、女性80公分，如果超過這個標準數值，罹病的危險性就會增加。

肥胖可能減短壽命及引發各種健康問題

　　肥胖症（Obesity）是指體脂肪累積過多而對健康造成負面影響的身體狀態，可能導致壽命減短及各種健康問題。肥胖與遺傳有關，也與生活方式相關，有些人可能因為基因的緣故，即使多吃或是很少運動，也比較不容易發胖，但有些人可能因為基因的緣故，形成易發胖體質。

　　而多數人肥胖主要還是因為熱量攝取過多、缺少運動的關係，其他如基因缺陷、內分泌異常、藥物影響及精神疾病等也是肥胖的重要成因。肥胖與許多健康問題相關，包括增加心血管疾病、第二型糖尿病、睡眠呼吸中止症、某些癌症（如：胃癌、乳癌、腸癌等）、退化性關節炎及其他疾病的發生機率。

　　肥胖是21世紀全人類最重要的健康問題之一，包括美國醫學會和美國心臟協會等數個醫學會，已在2013年將肥胖定義為疾病的一

種，目前全球各地成人與兒童肥胖的盛行率都在上升。2005年，全球有6億名成人（13%）和4200萬名5歲以下孩童有肥胖問題，另根據世界肥胖聯盟估計，全球過重或肥胖人口將從2014年的20億人增加到2025年的27億人，也就是屆時地球上每3個人就有1人過重；而在眾多人類主要死亡原因中，肥胖屬於可預防死因，也就是說，減重可以幫助你延長壽命。

肥胖的分類

根據成因，肥胖可分為以下兩類：

第一類：原發性肥胖

無明顯病因，主要和遺傳、飲食過量、運動不足等不良生活習慣有關。

1.遺傳：研究顯示，父母親都肥胖，子女肥胖的機率為80%；若雙親中有1人肥胖，則子代肥胖的機率為40%；父母親若體重正常，子女肥胖的機率小於10%。

2.飲食：經常飲食過量，尤其是攝取太多高脂肪、高熱量的食物就容易造成肥胖。

3.運動不足：懶得動不僅能量消耗較少，且會使胰島素阻抗增加，導致肌肉組織對於葡萄糖的利用減少，脂肪就容易堆積在腹部與臀部而造成肥胖。

4.社經地位：在已開發國家中，社經地位愈高的人肥胖比例愈低，原因可能是教育水準高者較有健康意識，較會留心飲食和維持運動；但

在未開發國家，社經地位愈低的人肥胖比例愈低，主要原因是飲食來源缺乏，或是進食過多垃圾食物造成健康問題。

5.飲食文化：不同的飲食文化及生活模式也是影響種群肥胖與否的因素之一，像是偏好低卡路里飲食且食材組合豐富的日本，就名列全球肥胖率最低的先進國家之一。

第二類：續發性肥胖

因罹患某些疾病而造成肥胖，例如：

1.甲狀腺機能低下造成黏液性水腫。

2.腦下垂體腫瘤及導致甲狀腺功能低下而造成肥胖。

3.腎上腺皮質腺瘤分泌過多荷爾蒙而造成肥胖，臨床上稱為庫欣氏症候群。

4.先天性性器官發育不全而引起肥胖，其原因為染色體異常所致。

5.其他如腦下丘病變、多囊性卵巢或胰島細胞瘤等皆可能造成肥胖。

胖子和瘦子的身體組成不一樣

瘦的人身體成分70%是水，脂肪只有8%，其餘的非脂肪組織占22%；體重正常的人則60%是水，脂肪組織占18%；肥胖的人水分只占43%，脂肪卻高達30%以上。

以性別來分，男性一般體脂肪的比例是15%～18%，女性是17%～23%，而隨著年齡增加，體脂肪的比例也會增加，肥胖症患者的體脂肪通常是32%以上。

肥胖與慢性病

肥胖對健康的危害多數人都已有基本認知，而肥胖與疾病的關係主要在於當體脂肪開始增加到一定程度，身體就會處於一種慢性發炎的狀態，且肥胖與發炎間不是單向關係，而是一個惡性循環，肥胖對健康的危害主要包括以下幾項：

1.死亡率增加：肥胖族群的死亡率隨著體重上升而增加，研究報告指出，體重超出正常10%以上的人，每增加0.5公斤，壽命就會減少29天。

2.慢性病罹患率增加：每增加10%的體重，收縮壓就會上升6.5mmHg，膽固醇上升2mg，血糖上升0.4mg，因此，肥胖的人罹患高血壓、心臟病、糖尿病等慢性病的危險比正常人高。

肥胖者由於體內胰島素較高，經由促進腎臟對鈉離子的吸收，同時刺激交感神經，導致血壓上升。研究顯示，BMI>25的人發生高血壓的危險為一般人的兩倍。

其次，肥胖者血液中的膽固醇、中性脂肪和壞膽固醇較高，好膽固醇則較低，而高胰島素同時會影響血管的舒張與心跳，加上血壓較高，因此罹患冠心病的危險較一般人多出兩倍。

另外，肥胖者由於體內脂肪多，脂肪經分解為游離脂肪酸，轉而製造許多葡萄糖，加上週邊組織對於葡萄糖的利用降低，因此容易罹患糖尿病。

3.罹患癌症的機率增加：肥胖屬於身體慢性發炎的一種。發炎反應是免疫系統對人體的保護作用，但身體若長期處於慢性發炎狀態，發炎物質經年累月持續地刺激正常細胞，就會影響遺傳物質DNA，DNA一旦受損即可能導致基因突變，再加上其他因素的影響，基因突變持續累積，最終就可能導致癌症發生，包括乳癌、大腸癌、子宮癌、攝護腺癌等，都可能與肥胖有關。

4.呼吸系統疾病增加：肥胖者的腹部脂肪多，迫使橫膈膜上升，再加上胸部脂肪也多，壓縮肺部空氣流通，造成換氧不全，使得罹患呼吸系統疾病的機率增加；另外，肥胖也容易發生夜間睡眠呼吸停止的現象，即睡眠呼吸中止症。

5.消化系統疾病增加：肥胖族由於血液中膽固醇高，膽汁所含的膽固醇也高，膽固醇需經由膽囊、膽道，再由消化道排出，因此使得消化系統疾病，包括肝硬化、脂肪肝與膽結石的發生機率增加。

6.開刀危險性增加：肥胖的人開刀時由於換氧不全，心臟功能較差，且腹部脂肪多，腹部壓力高，縫合難度高，使得施術時危險性較一般人高。

7.罹患關節炎的機率增加：根據統計，站立或行走時膝蓋承受的重量約是體重的1～2倍，上下樓梯時約是3～4倍，跑步為4倍，蹲下和跪姿約為8倍，運動跳躍時更高達15倍；以體重50公斤計

算，每爬1級階梯膝蓋就要增加200公斤的壓力，如果體重是100公斤，那麼爬1級階梯膝蓋便要承受300～400公斤的壓力，肥胖者由於體重過重，支撐身體的膝關節與脊椎便容易發生關節炎。

8.內分泌失調：肥胖者體內胰島素較高，由於胰島素會影響膽固醇的代謝，而膽固醇是製造性荷爾蒙的原料，因此，女性肥胖者容易出現月經失調、荷爾蒙分泌異常、不孕症等現象。

蘋果型肥胖容易發生心臟病

肥胖依身體部位，可形象地分成蘋果型與梨子型兩種。

蘋果型是指脂肪集中在肚子，造成腰圍特別大，也就是腹部內臟周圍的脂肪囤積較多。臨床上，此類型肥胖者的體內胰島素、膽固醇、中性脂肪和壞膽固醇偏高，好的膽固醇則較低，因此比較容易併發心血管疾病。

梨子型肥胖則是脂肪主要集中在臀部與大腿，發生心血管疾病的機率雖然比蘋果型低，但減重效果通常也較蘋果型差。

女性通常在停經後體重逐漸增加，且脂肪的囤積主要集中在腹部，蘋果型肥胖機率增加，因此，女性在停經後發生心血管疾病的危險性會顯著提高。

內臟脂肪型肥胖會增加糖尿病風險

不痛苦減重，一次就成功

減重名醫破解 讓你一再失敗的NG減重法

根據瑞典烏普薩大學的研究發現，內臟脂肪多的人罹患第二型糖尿病（即「後天型糖尿病」，相對於第一型糖尿病為本身胰臟無法分泌足夠的胰島素為不同病理機轉）的風險較高，主要原因是這些分布在肝臟、腎臟、腸道周圍的過多脂肪會造成胰島素抗耐性，進而使糖份的代謝產生障礙而發生第二型糖尿病。

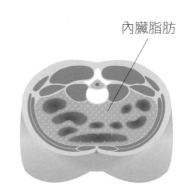

內臟脂肪

這類患者的皮下脂肪可能不多，外表看起來不一定很胖，要確定是否為內臟脂肪過多，做體脂檢測或是做核磁共振（MRI）、電腦斷層掃描可檢查出來。

內臟脂肪是附著在腹部、胃腸周圍腸繫膜上的脂肪組織，其功能是保護內臟不會因碰撞而受傷，但如果因肥胖而造成太多脂肪囤積，便會產生代謝症候群，例如三高、脂肪肝、胰島素抗耐性及缺氧症候群等。

要避免內臟脂肪堆積，建議多吃以下食物可幫助消除內臟脂肪：

1.海帶芽：含有碘，跟甲狀腺的合成有密切關係，而甲狀腺素與新陳代謝率有關。

2.大麥：主要成分除了膳食纖維，也含有 β-葡聚醣，有助減少內臟脂肪囤積。

3.鯖魚：是熱量極低的含蛋白質食物，可作為低卡食物來攝取。

4.綠茶：除了含單寧酸，也含有豐富的兒茶鹼，有助提升身體的代謝率。

5.納豆：含有納豆激酶，可防止膽固醇過高，進而幫助防止心血管疾病，也有提升新陳代謝率的功效；豐富的維生素B_{12}則是修復身體細胞的重要成分。

　　此外，要消除內臟脂肪要從減輕體重著手，飲食上盡量不要吃過多的紅肉，如牛肉、豬肉、羊肉等，改吃白肉，如雞肉、魚肉等；每天還要攝取至少20公克的膳食纖維；含澱粉的醣類不要超過攝取總熱量的60%，也不要吃太精緻的食物及低GI值（升糖指數）食物。但減重過程中也要注意營養素的均衡，如果飲食中含澱粉類的成分太低，長期下來也會有酮酸中毒的危險。

　　想保持健康身材還要有足夠的運動量，建議每週至少有3天進行有氧相關運動，每次運動約30分鐘，強度要達到心跳每分鐘130下左右，如此持之以恆，對消除內臟脂肪、維持健康體重就大有助益。

肥胖vs新冠

　　從2019年底新冠肺炎爆發以來，根據各國新冠病毒確診的統計數據來分析，無論東西方都發現，感染率和身體的BMI值有正向關係。

如英國保健署（NHS）在196例重症患者的統計數據中發現，BMI在30～30.9者有58例，BMI在40以上者有13例，兩者加總佔了64%，而這些人都屬於中重度肥胖族群。

肥胖是感染病毒的負面因素

　　2009年H1N1流感大流行期間，台灣前100位住院病例中，兒童病例有16%是肥胖，成人的肥胖比率則高達43%，而一些亞洲（黃種人）國家的統計數據也顯示，重症病患中體重過重者的比例是正常人的3倍。

　　根據美國密西根大學的研究，肥胖者感染流感的比例除了比一般人多，病毒在病人體內存留的時間也多出42%，且感染後的併發症如肺炎、肺水腫等的致死率也比一般人高出兩倍。

　　由這些統計數據可知，肥胖是感染病毒的一項負面因素，且肥胖患者感染後成為重症的比例從SARS到H1N1，再到新冠肺炎病毒，似乎有愈來愈高的趨勢。

肥胖人群易感染病毒的主要原因

　　1.肥胖者體內負責免疫功能的T細胞數目比正常人少，抵抗力相對就比較低。

　　2.肥胖者身體組織內的ACE2（血管緊張素轉化酶）含量較高，由於ACE2是新冠病毒的結合載體，等於是提供了病毒複製的工具。

　　3.根據統計，感染新冠病毒者以三高患者居多，而肥胖患者一般也是罹患三高的高風險族群，這類人群的心肺功能本來就比較不好，缺氧程度比一般人明顯，自然容易成為病毒攻擊的對象。

新冠病毒另類疫情——暴肥人群增加

　　由於疫情的關係，許多人長時間留在家裡不敢外出，因為無聊，導致瘋狂追劇、叫外送、吃零食，加上不能外出運動，短短幾個月身型就大了一個尺碼，因此最近常聽到有人抱怨「疫情肥」！這真的不是危言聳聽，根據國外研究，新冠病毒大流行期間約22%成人體重增加，被稱為「疫情性增肥」（Pandemic Weight）。

　　在新冠肺炎疫情衝擊下，人們生活步調被打亂，因為減少外出，長時間待在家裡，有人透過吃來紓壓，也因為不方便出門，三餐只好都叫外送，但這些食物通常是重油、高卡路里，這樣吃一段時間之後，對健康及身材必然都會造成負面影響，因此建議一星期最多吃3～5次外送餐，吃太多容易增胖，也可以試著自己開伙，並

在食材的選擇上多選取含色胺酸、維生素B群、鈣、鎂及Omega-3脂肪酸的食物，這些營養素在神經傳導上有著重要的功能，也是製造「血清素」（俗稱「快樂荷爾蒙」）的重要推手，可幫助在疫情期間穩定情緒、改善焦慮。

含Omega-3脂肪酸的食物，常見魚類如鮭魚、秋刀魚、鯖魚等，素食者可選擇亞麻籽油、核桃等，這些都是良好的植物性Omega-3脂肪酸來源。

乳品類舉凡牛奶、起司、優酪乳、優格等都含有豐富的色胺酸及鈣質，鈣質除了與骨骼生長有關，也具有放鬆肌肉及安定神經的效果，建議每日可攝取1.5～2杯乳品類；不吃乳製品者可選擇其他高鈣食物，如黑芝麻、小魚乾、板豆腐等。

香蕉含有豐富的維生素B$_6$、鎂、鉀及色胺酸，可幫助大腦製造血清素，進而改善情緒、幫助睡眠及紓解壓力，但要注意香蕉的鉀含量較高，腎臟病患者要避免食用過量。

全穀雜糧類食物含有豐富的維生素B群，能幫助神經系統正常運作，當人體內B群不足時情緒容易不穩定，也較會出現疲倦感，因此建議三餐中可選擇一餐吃糙米飯、燕麥、五穀飯等，以幫助體內維持足夠的B群含量。

堅果種子類食物含有豐富的維生素E、鉀、鎂、鈣、鋅、硒等，這些營養素在人體的生理運作中扮演著重要功能，建議每天攝取1湯匙，食物來源如腰果、花生、核桃、杏仁果等。

醫師的小叮嚀：

　　防疫期間要避免過度增胖，平日除了要節制飲食，每天也要找時間做運動，不方便運動的人可與親朋好友透過電話或視訊方式聊聊天，有助減輕對生活、工作及疫情的焦慮感。

防疫關在家、緊盯疫情，小心壓力性肥胖

　　在我看過的許多減重病人中，最為棘手的莫過於因壓力所造成的肥胖，這屬於一種「高壓文明病」。現代社會壓力無處不在，自我期許愈高的人往往承受的壓力愈大，要知道，適度的壓力雖然是成功的動力，但過大的壓力卻是健康的絆腳石！

　　減重門診中幾乎有超過半數的病人身體出狀況與長時間承受高壓有關，如果你不理會某段時間高張的身心狀況，「潰堤」就是一場可預期的災難。壓力所挾帶的生理症狀包括：自律神經失調、失眠、焦慮、心悸等，甚至不少看診個案自己提問完後都會不好意思地說：「我是不是給自己的壓力太大了！」

壓力給身體的負面影響超出你的想像

　　壓力對健康的影響，在顯性層面上如自律神經失調、失眠、焦慮等，這些症狀人們比較容易意識到，可以防範，也可以採取相應措施，相較而言，容易被忽視的隱性層面危害更值得人們戒慎警惕，它就像是地震後的大海嘯，當你以為危機（壓力）已經解除時，第二波的毀滅性災難其實正在屋頂上空6公尺高，準備毫不留情地將你淹沒。所以，別以

為壓力過了就沒事,其實災難才正要開始!

　　那些讓你喘不過氣的壓力,不只會掀起體內荷爾蒙的巨大波瀾,如月經不順、甲狀腺低下、胰島素阻抗、肥胖等,更可怕的是,由於壓力很難讓人直接聯想到這些生理問題,以致連生病者都不自知而疏於應對,進而引發災難性後果。

皮質醇是造就壓力性肥胖的元凶

　　皮質醇是一種人體自然合成的類固醇,人體每日會釋放固定量的皮質醇,在正常濃度的情況下,它可以提供人們上課、工作時所需要的精神體力。然而,當這種激素分泌出現超越正常濃度時,身體會如同長期服用類固醇般出現以下副作用:血糖上升、血壓上升、游離脂肪酸上升、免疫系統受到抑制、骨質疏鬆、月亮臉、水牛肩、肥胖等。

　　你可能也聽說過身邊的親友自從罹患某自體免疫疾病後,必須長年服用類固醇,若比較其人患病前後,可明顯發現體態變臃腫了,病人也會向你抱怨,因為長期服用類固醇導致肥胖,而慢性壓力就可能帶來如同使用類固醇般的身體效應。

肥胖、體內發炎是年輕族群罹患新冠致死的關鍵

　　新冠肺炎本土疫情雖已趨緩,但至今已造成幾百條人命的損失,雖然染疫過世的多是70、80歲以上的長者,但也不乏30、40歲的年輕人染疫過世,據統計,重症及死亡的年輕族群很有可能是因為肥胖及身體內發炎反應過高所造成。

　　從一位感染新冠病毒後死亡的年輕案例中可以發現,其生理狀

況屬於病態性肥胖,而依據國外公衛資料的統計顯示,病態性肥胖者屬於容易引起新冠重症甚至致死的高危族群。

為什麼肥胖會成為感染新冠的高危險族群呢?在近期的諸多國際研究報告中都可以看到其致病機轉,一項在2020年由巴西巴西利亞大學主導的研究結果顯示,許多感染新冠病毒的重症患者身體的發炎指數有偏高的現象。

在不同的研究報告中也指出,體內的發炎現象跟身體的脂肪組織有關,且脂肪量愈多發炎係數愈高,此效應對體重嚴重超標的病態性肥胖患者更是明顯;連鎖反應是,發炎指數愈高,患者體內的ACE2濃度就愈高。前面已經提過新冠病毒是以ACE2作為載具,而最新流行的一些變異病毒感染,可能和基因的變異有密切相關,因此病態性肥胖族群自然就容易受到變異病毒的更大威脅。

另外,身體的發炎反應也會造成血管內皮細胞被破壞,而出現急性血栓病變,這也是許多新冠病毒感染者死於急性血栓併發症的原因。

白色脂肪愈多，發炎指數愈高

脂肪分為白色脂肪、米色脂肪、棕色脂肪，各有不同的功能及分布位置。肥胖者的身體組成中以白色脂肪占大多數，對體重控制有幫助的棕色脂肪相對較少，而白色脂肪又是活化造成新冠病毒呼吸道病變的因子ACE2的關鍵因素，所以，體內白色脂肪愈多，發炎指數也會隨之增加。

要減少新冠病毒對身體的危害，首先就要設法降低身體的發炎反應。所以在防疫時期，減重是很重要的一件事，這樣可幫助降低身體發炎反應的程度，簡單的預防之道可多吃一些能抗發炎的食物，像是：蔥、薑、蒜、洋蔥、核桃、鮭魚、菠菜、番薯、藍莓等，或是以有氧運動來消除自由基，減少攝取高熱量食物也能幫助增強免疫力。

脂肪的分類及功能

	白色脂肪	米色脂肪	棕色脂肪
功能	儲存能量	燃燒能量、產生熱能	燃燒能量、產生熱能
分布位置	皮下、內臟	分布廣泛	鎖骨、脊椎、頸部
生成來源	纖維細胞同源	白色脂肪轉化	骨骼肌同源
太多	肥胖	無法儲存能量、阻礙生長	無法儲存能量、阻礙生長
太少	影響發育	肥胖	肥胖

不當生活習慣與肥胖

上班族過勞肥vs缺氧性肥胖

　　許多人羨慕白領上班族工作環境佳，夏天吹冷氣、冬天避風寒，但是對上班族來說，整天待在密閉的辦公室內不只活動空間受限，加上午餐外食多是高油脂食物，若再搭配一杯高糖飲品，日復一日，想不發胖真是難上加難。

　　國內上班族肥胖率一直居高不下，據統計，38%的上班族為體重超標，尤其男性，過胖的比例更是超過五成，且上班族除了「過勞肥」、「不動肥」，「缺氧性肥胖」也成為新型態的肥胖類型。

　　上班族「過勞肥」主要是因為壓力大、生活不規律所致，「不動肥」是進食過多的熱量沒有消耗掉而堆積成脂肪，「缺氧性肥胖」則是因長期處在密閉空間，身體含氧量不足，加上久坐不動，導致脂肪不易燃燒而形成肥胖。在這些肥胖成因交互作用之下，使得上班族飽受肥胖及慢性疾病纏身的困擾。

　　因此，自覺壓力沉重的上班族，平時一定要做好健康管理，男性腰圍超過90公

分（35.5吋）、女性腰圍超過80公分（31.5吋），或是BMI值超過24，即是身體發胖的警訊，這可能對健康形成潛在的危害，千萬不可輕忽。

多走動、常做深呼吸，減少缺氧性肥胖

上班族要避免缺氧性肥胖，首先要遠離通風不好的密閉式空間，若需要長時間待在冷氣房，最好每隔1～2小時就到戶外走走、透透氣，每次至少停留10～20分鐘，動動四肢、做幾個深呼吸，對健康大有幫助。

「類人工冬眠效應」讓你被冷氣「吹」胖了！

炎熱的夏天多數人喜歡待在室內享受冷氣的清涼，但你可能不知道，冷氣吹太久會讓人發胖！研究發現，每天吹冷氣超過10個小時，會使身體進入「類人工冬眠狀態」，造成新陳代謝降低，體內溫度下降，腸胃蠕動也跟著變慢，使體內水分不易排出，導致體重直線上升，有人甚至在10天內就胖了2.5公斤，門診中，許多成功減重又復胖，多是一天至少在冷氣房待10個小時以上的人。

提醒你，不管是長時間待在辦公室的上班族，還是怕曬太陽而足不出戶的愛美女性，夏季時天天待在冷氣房容易產生「類人工冬眠效應」，不僅體溫下降快，腸胃蠕動變慢，加上常有飢餓感而增加進食，因此很容易被冷氣「吹」胖！

久坐不動增加類人工冬眠效應

以前的減重觀念認為夏天天氣熱、沒胃口，所以會「吃得少、瘦得快」，是減重的最佳季節，但這個說法在高溫逐年飆升的現代被徹底打敗了。

近年來因極端氣候影響，各地夏天高溫持續破紀錄，熱到讓人不想離開冷氣房，而減少了外出走動的機會，在飲食習慣未改變，又加上「類人工冬眠效應」的影響，使得代謝症候群的罹患風險增加，久坐不動的結果甚至是被冷氣給「吹」胖了。

我在減重特別門診中曾收治一位22歲的女性上班族，患者自述只要天氣一熱幾乎天天待在冷氣房，因為怕熱，將冷氣溫度調到22度，不僅在室內要穿外套，還因為寒冷使肚子容易餓，沒多久就想吃東西，東吃西吃再喝些含糖飲料，不到1個月就胖了4公斤，增胖與忍受炎熱之間要如何取捨，真是讓她非常困擾。

新陳代謝差，增腹部肥胖、便祕風險

所謂「類人工冬眠效應」是指體溫每下降1度，新陳代謝率就會降低12%，而新陳代謝率一旦下降，體內溫度也會跟著下降，使得腸胃蠕動變慢，肚子容易腫脹、便祕，或是體內水份不易排出而出現水腫現象，這些都是導致肥胖的原因。

另外，由於體內生理溫度下降，負責分解脂肪的酶反應速度也會變慢，這就是為什麼長時間待在冷氣房容易導致體重上升的原因，特別是容易造成腹部脂肪堆積，這些都是造成心血管疾病、腦中風、慢性疾病及肝膽疾病的危險因子。

上班族肥胖多數與愛吃零食有關

　　減重門診中常發現，超過半數的上班族肥胖與愛吃零食有關。一般成年人只要身體累積7700大卡熱量就會增加1公斤脂肪，如果愛吃零食又不喜歡運動，就容易導致腹部肥胖。

　　一般人習慣一日三餐，長久下來身體也適應了一日三餐的飲食規律，吃零食等於增加了腸胃負擔，為了消化零食，原本應該休息的腸胃又開始蠕動，同時因為吃進了過多熱量，脂肪不經意便悄悄在身體堆積。

　　一般常見的零食如洋芋片、餅乾、點心麵、豆乾等，普遍存在三大問題，包括鈉含量超標、飽和脂肪及食品添加物。鈉含量超標容易造成水腫、血壓上升、影響代謝和減重，甚至會導致心血管疾病、中風、腎臟疾病；飽和脂肪屬於人體非必需脂肪，攝取過多容易增加心血管疾病、癌症等風險；過多的食品添加物，如糖，容易使肥胖、三高、心血管等慢性疾病的罹患率增加，也容易出現糖

癮，人工色素則可能引發兒童過動症，成人可能出現生育力下降、畸形胎，甚至是罹癌的風險。

提醒上班族朋友，別因為工作壓力大就養成吃零食舒壓的習慣，以免體重不斷上升，若一時戒不了零食，可選擇吃健康零食，如無調味堅果、黑巧克力、低卡蒟蒻果凍、穀物棒、無調味毛豆等，但要提醒你，堅果也是高脂肪和高熱量的食物，過量攝取也會造成熱量囤積，想要健康吃堅果一定要注意攝取量，或以堅果取代部分每日食用油的份量，最好是挑選無調味或未油炸的品項，才能在滿足口腹之慾時不會增加身體的負擔。

愛喝手搖飲，小心養出脂肪肝！

夏季天氣炎熱，常見人手一杯冰涼的珍珠奶茶或各式手搖飲，痛快喝下肚，以為可以馬上消暑解渴，其實這對健康大不利，還是讓你肥胖的最大殺手。整個夏季如果天天都靠手搖飲來消暑，除了體重會大幅飆升，還會讓身體累積過多脂肪，更值得注意的是，內臟脂肪不消除，日後就可能釀成脂肪肝！

內臟脂肪累積快，卻不容易分解

體脂肪可分為皮下脂肪與內臟脂肪，兩者都是人體儲存能量的地方。皮下脂肪影響的是外觀身型，像是出現大腹翁、小腹婆等，女性因為荷爾蒙的關係，比男性容易有皮下脂肪；內臟脂肪主要是分布在臟器周圍，功能主要是保護器官，但內臟脂肪一旦過多，即會對健康帶來危害，尤其是引起包括脂肪肝、糖尿病、高血壓與心臟病等風險！同樣因為荷爾蒙的關係，男性比女性容易有內臟脂肪

囤積的困擾，不過女性在停經後因為雌激素分泌下降，也開始容易累積內臟脂肪，成為脂肪肝的好發族群。

內臟脂肪常見分布在腹部周圍，一般在腹膜底層，但因為地心引力的關係，一些游離的脂肪就會往下留存在腹部位置。需要知道的是，內臟脂肪可是來得快卻不容易分解的脂肪，且它通常是吃出來的！所以，要消除小腹，讓腹部看起來平坦，必須同時甩掉內臟脂肪與皮下脂肪。

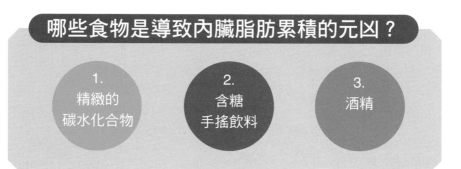

哪些食物是導致內臟脂肪累積的元凶？

1.
精緻的
碳水化合物

2.
含糖
手搖飲料

3.
酒精

含糖手搖飲喝多了易造成肝臟負擔，加重形成脂肪肝

東方人飲食以米食為主，從飲食流量記錄表可發現，國人攝取澱粉（醣）的日平均量都超過三大營養素正常量的60%上限，而澱粉的來源又以含果糖成分的飲料及點心居多。

商家因成本考量，許多市售手搖飲料都含有玉米果糖，此種原物料來源大部分是從基因改造玉米加工成果糖，以取代價位較高的天然蔗糖；由於玉米果糖只能在肝臟代謝，人們因為果糖攝取太多而造成肝臟負擔，加重形成脂肪肝。

《美國醫學會雜誌》（JAMA）一項研究報告指出，老鼠餵食玉米果糖後經核磁共振檢測發現，其下視丘飽食中樞的血流量和餵食葡萄糖的小老鼠做比較並沒有明顯變化，這表示其飽足感閾值上升，而不容易形成飽足感預警作用；而從其生化機轉來看，過多的果糖會在肝臟囤積而產生三酸甘油酯，進而形成脂肪肝。

其他形成脂肪肝的原因包括：

- 飲酒過量導致肝細胞合成脂肪增加。
- 肥胖造成肝臟內脂肪囤積過多。
- 缺乏蛋白質導致脂質代謝異常，使脂肪囤積在肝臟。
- 某些藥物或化學毒物由於抑制蛋白質合成而導致藥物性脂肪肝。
- 病毒性肝炎患者攝入高糖、高熱量飲食，使肝細胞脂肪容易囤積。

總之，過多的精緻澱粉、含糖飲料及過多的酒精都很容易經「克氏循環」把多餘的精緻澱粉轉換成三酸甘油酯囤積在肝臟，而形成脂肪肝，甚至是囤積在腹部，形成鮪魚肚、啤酒肚等；容易發生內臟脂肪堆積的年齡一般在50～65歲之間。

克氏循環

也稱檸檬酸循環，由德國科學家克利布斯（Hans Adolf Krebs）所提出，後來被實驗所證實，故又稱克氏循環（The Krebs cycle），是人體三大營養素：醣類、脂類及胺基酸的異化代謝通路。

脂肪肝的下一步可能是肝癌！

適量的脂肪對人體代謝有正面幫助，但過多的脂肪就會引起脂肪肝等病變，一旦形成脂肪肝，就容易出現胰島素抗耐性的第二型糖尿病、心血管疾病、慢性三高症候群、缺氧症候群，更需要注意的是，脂肪肝再進一步可能就離肝癌不遠了！

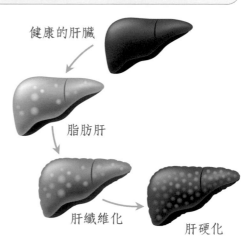

健康的肝臟
脂肪肝
肝纖維化
肝硬化

赤藻糖醇幾乎沒有熱量，可作為代糖，幫助遠離脂肪肝

網路傳言：赤藻糖醇有助遠離脂肪肝！這是真的嗎？赤藻糖醇也稱赤蘚醇，存在於許多水果中，如：葡萄、梨、橘科類水果，發酵食品也會產生天然的赤藻糖醇，如：醬油、味噌、清酒等，赤藻糖醇屬於植物性甜味劑（代糖），現多作為食品添加物中的低卡甜味劑和風味提升劑。

赤藻糖醇的甜度為蔗糖的70%，產生的熱量極低，約為0.4大卡/克，是蔗糖的10%，美國食品藥物管理署（FDA）、歐盟和日本甚至允許將其標示為0大卡/克，可以説幾乎沒有熱量，對於愛吃甜又怕胖或是糖尿病患者來說，可作為代糖的好選擇。

團圓大餐小心愈吃人愈圓

除夕圍爐大餐是華人社會的年度重頭戲，各式好料無不趁此時

脂肪肝預防要訣：
控制體重+減糖飲食+有氧運動

　　要預防肝病變，預防脂肪肝是首要的保健措施，脂肪肝在臨床統計上已和許多慢性病產生正向關係，要擺脫脂肪肝首先要控制體重。

　　許多血脂高的患者只注意到降血脂的治療，其實體脂下降（也就是體重下降）才是根本的解決方法；飲食也要注意，攝取過多糖分也會轉變成三酸甘油酯，因此除了避免攝取過多油脂外，也要減少高果糖成分的食物，例如：餅乾、含糖飲料、麵包等；另外，日常生活中也要有規律的進行有氧運動。

　　只要將以上要訣持之以恆地進行，相信脂肪肝能很快獲得改善，同時也能遠離代謝症候群的困擾。

機端上桌，但這些美食從醫學角度來看，其營養價值並不等於它的金錢價值，如果吃了過多的高脂食物，熱量攝取過高，會使體內的酵素分解能力下降，無法被分解吸收的多餘熱量就會囤積形成「肥肉組織」，並在你年假收假時狠狠地反映在磅秤的指數上。

依據餐飲業統計，年菜市占率最高的前六名分別是：佛跳牆、紅燒獅子頭、煎魚、龍蝦、紅蟳米糕、烏魚子，這些年菜的熱量都很高，1000公克的佛跳牆約為1000大卡、1000公克的紅燒獅子頭約1800大卡、1000公克的米糕約2500大卡。

理論上，人體每囤積7700大卡熱量就會增加1公斤體重，以7天年假計算，如果每天囤積2000～2500大卡熱量，7天下來就會多出14000～17500大卡熱量，換算成體重即可能增加1.8～2.3公斤。夠嚇人吧！更可怕的是，增胖容易減重難，所以，奉勸你在享用團圓大餐時多動腦、少動嘴，才不會年假後又要找減重醫師報到了！

CH2

減重方法這麼多！

肥胖的主要治療方式有飲食控制和運動。患者在日常飲食中必須避免高熱量（高油、高糖）食物，並增加高纖維食物的攝取，若良好的飲食控制加上規律的運動仍無法有效減重，可以考慮搭配藥物來減低食慾和抑制脂肪吸收。

如果飲食、運動、甚至搭配藥物都不見效，醫療手段也是一種可行的選擇，例如用來減少胃容積的水球置放術，或是進行減少胃容積或腸道長度的手術，都能直接降低食量並減少營養素的吸收，達到減重的目的。

以下就飲食、運動、醫療三大面向，說說常見的減重策略。

飲食

間歇性斷食

「斷食」顧名思義是在一段特定時間內完全或幾乎停止進食，相較於傳統限制熱量攝取的減重法，間歇性斷食則是以固定的規律輪流執行斷食與進食的飲食模式，著重的是「吃的時間」，而非「吃了什麼」。根據規律的不同，間歇性斷食有許多不同的形式，包括：

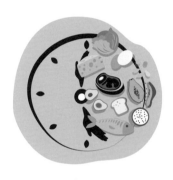

時間限制飲食法：每天僅可在限制的時間內進食，如168斷食。

隔日斷食法：一天斷食、一天不限制飲食。

52斷食法：每週2天斷食，其他5天不限制飲食。

定期性斷食法：每次斷食2～3天，一年可執行數次。

仿斷食飲食法：連續3～5天減少50％以上熱量攝取，一年可執行數次。

168斷食

目前最被廣泛施行的屬168斷食法，斷食究竟有什麼魅力，能在近年養生、健身、減重領域上都掀起風潮？

16小時禁食

8小時進食

　　知名的《新英格蘭醫學期刊》（NEJM）曾有一項系統性的回顧研究指出，以往透過減少攝取熱量、避免脂肪堆積的減重方式，雖在動物實驗有效，但在人類身上卻不見效用，根本原因還在於兩者的「進食型態」不同。

　　現代人的進食習慣多是一日三餐，餐與餐的間隔最長約12小時，動物則是一次性吃飽後就長時間不進食，由此可發現人類「斷食」的時間較短，也因此許多間歇性斷食法都以16小時為基礎。

　　斷食後人體會出現「生理性生酮反應」，即長時間不進食，血糖沒有升高，負責促進代謝、降低血糖的胰島素就不容易升高；等到提供能量的肝醣接近用完了，身體就會分泌「升糖素」，將脂肪分解作為提供身體運作的能量。

　　人體中有各種荷爾蒙，其中胰島素扮演著讓血液中葡萄糖進入血糖的角色，除了一般人熟知有讓血糖下降的效果外，它也是促進脂肪合成的重要荷爾蒙。間歇性斷食就是透過一段時間不進食，讓胰島素不容易升高來降低脂肪合成的作用。

　　研究也指出，當我們停止進食一段時間後，原本用來作為能量的肝醣消耗殆盡，人體就會將三酸甘油酯分解成脂肪酸和甘油，並由肝臟製造酮體，作為身體運作的能量來源。

　　任職美國索爾克生物研究所（Salk Institute）的美國代謝權威薩欽・潘達（Satchin Panda），在《用生理時鐘，養出好健康》一書中提到，索爾克生物研究所曾進行實驗發現，當給予兩組老鼠熱量

與內容相同的高糖/高脂飲食，飲食時間受限的老鼠會比較快把食物吃完，但牠們沒有變胖，血糖與膽固醇的數值也沒有惡化；反之，進食時間不受限制的老鼠則出現體重上升與糖尿病的趨勢。

另外，刊登於《細胞代謝》期刊的一篇報導指出，一項追蹤了19名代謝症候群患者在3個月、平均每天進食時間約10小時的研究結果顯示，受試者的體重平均減少3公斤、腰圍平均減少4％（減少的部分多是來自內臟脂肪），此外，血壓、膽固醇、空腹血糖、胰島素、糖化血色素的數值都呈現降低，受試者並反映了睡眠品質提升的好處。

《肥胖症》期刊在2020年也刊登一項研究結果，實驗將20人隨機分為進食15小時以上與進食10小時兩組，結果發現進食10小時的組別減少的體重比進食15小時以上的人多了2.2公斤；此外，進食10小時組在內臟脂肪、三酸甘油酯與空腹血糖等數值都有所改善，顯示限制進食時間除能幫助減重，也能有效減少糖尿病、心臟病等疾病的危害。

斷食要見成效，飲食內容與順序很重要

想要讓168斷食法達到減重目的，不能只單純遵循進食8小時、斷食16小時的規則，飲食內容也很重要，否則只是將高熱量食物在可進食時間內吃完，過多的卡路里累積在體內消耗不完，一樣會變成脂肪！

168斷食法要見成效的三大原則：

1.三餐時間固定，並按照喝湯（或喝水）、吃青菜、吃肉、吃飯的順序進食。

2.每餐吃7～8分飽，期間若有飢餓感可吃些低熱量的水煮蛋、番茄或脫脂牛奶。

3.攝取足量的優質蛋白質，例如豆漿與豆類、雞蛋、雞胸肉、牛奶等，並平均分配在一天3～5餐吃完。

211平衡餐盤

想要有兼顧健康的減重效果，避免胰島素將血糖轉換成脂肪儲存起來，延長三餐飽足感時間以避免餐間吃點心很重要，建議可用「211平衡餐盤」來搭配168斷食進行。

每餐飲食內容組成：½蔬菜類、¼全穀類、¼蛋白質

「211平衡餐盤」的主角是蔬菜，這樣可避免大量攝取澱粉導致血糖升高；全穀類食物中也要避免吐司、麵包、白麵條、餅乾、米粉、饅頭、即時麥片等，最好選擇五穀米、糙米（可混搭白米），才能保留食物中

的膳食纖維與維生素等營養，同時能避免血糖過度升高。

　　至於飯量減少容易感覺吃不飽的問題，可以靠攝取蛋白質食物來發揮作用。由於蛋白質消化速度較慢，血糖不會快速波動，就可以帶來比較持久的飽足感；另外，蛋白質也是人體製造肌肉的來源，在選擇蛋白質食物時應盡量選擇「整塊」的食材，例如整塊魚、整塊豆腐，這類食物的蛋白質含量比含水量高的牛奶更豐富。

　　還要注意多喝水，人體代謝與水分有高度相關，因此一定要喝足夠的水，餐前、餐間可以喝200～250cc白開水，少量的茶與咖啡也可以，但果汁與含糖飲料則一定要避免，以免阻斷燃脂，讓減重計畫無法順利達成。

斷食時段可不可以吃東西？

　　對於還沒習慣168斷食的人來說，每日要「禁食16小時」也許有些困難，於是有人問：如果禁食期間肚子餓了，一定要等到下一個進食時間段才能吃東西嗎？

　　基本上，執行168斷食在禁食的16小時不可以吃任何有熱量的東西，因此在禁食時段如果肚子餓、口渴，可以吃/喝的就只有白開水、茶、咖啡等無熱量飲料，尤其要注意水分的攝取，因為足量的水分能幫助身體維持正常的代謝。

　　但飢餓真的讓人很難受，不只會四肢無力，還會頭昏眼花，難怪減重計畫總是無法徹底執行！要知道，不論吃什麼食物都會使胰島素上升，以便讓身體能吸收營養，但這樣一來斷食燃燒脂肪的作用就會被打斷，而不同食物使胰島素上升的效果也不盡相

同，雞蛋、雞肉、海鮮、豆腐等食物刺激胰島素上升的效果較低，因此斷食期間如果真的肚子餓，還是可以少量吃一點這些食物。

讓減重效果事半功倍的「瘦體素」

　　人體的脂肪細胞有個機制，會在吸收過多熱量時分泌瘦體素，藉此降低食慾、增加代謝率。瘦體素的分泌與睡眠息息相關，除了分泌高峰在半夜之外，如果連續兩天的睡眠時間不足4小時，瘦體素的分泌量也會跟著降低18%，所以，減重要見成效，充足且好品質的睡眠很重要。

　　人體在晚上11點到隔日凌晨3點之間會分泌瘦體素，此時如果不睡，瘦體素的分泌會減少，結果就是影響身體燃燒脂肪的效果，所以，想減重的人最好在晚上11點前上床；另外，進食時間如果太晚或是吃宵夜，由於入睡時食物尚未消化完全，就可能影響睡眠與燃脂效果。

斷食時間點如何選擇？

　　168斷食將一天分為「8小時進食」與「16小時禁食」兩個時段，如何分配時段才能有最佳的斷食效果？又不會影響日常生活？

　　其實，一天當中僅有8個小時可以進食對多數人來說是比較難執行的，尤其是需要上班、上學的民眾，因此建議如果想嘗試168斷食減重，可採取逐步縮減進食時間的方式，先從一天進食12小時，慢慢縮減到一天進食10小時，再循序漸進達成一天僅進食8小時的目標。

　　至於時間區段的選擇，每日第一餐以9：00～10：00，最後進食以17：00～18：00為佳，但仍須考量每個人的作息，以便讓日間活動能有足夠的體能應付。

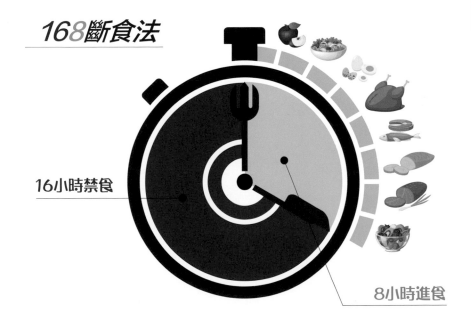

*168*斷食法

16小時禁食

8小時進食

不適感如果太高，建議先放寬限制

斷食減重的原理在於每天可進食的時間只有8小時，因此一天中其餘的16個小時就不會有熱量攝取，而一個人能吃下肚的食物量是有限的，兩者效果相乘，更容易達到「消耗熱量比攝取熱量多」的結果，不只能瘦身，還能幫助控制血糖，雖不能完全逆轉糖尿病，但對於糖尿病前期的情況及第二型糖尿病患者的胰島素敏感性都會有所幫助。

執行斷食的目的在於建立一個可長久維持的健康飲食方法，但斷食減重仍有其缺點，不可盲目執行。《哈佛健康雜誌》引述2017年一篇刊登於《JAMA Internal Medicine》的研究，追蹤100名體重超標的受試者12個月後發現，限制飲食熱量或隔日斷食都能讓體重下降，但隔日斷食組的放棄率較高，這顯示「放棄執行」是現實生活中執行斷食最可能遇到的困境。

對此，哈佛公共衛生學院營養系主任胡博士（Frank Hu）表示，在辛苦的運動或斷食後人們常會想要「獎勵」自己，這可能使人在非斷食日養成不健康的飲食習慣；另外，當身體感覺到食物不足的危機時，控制荷爾蒙與食慾的大腦也會加倍努力工作，促使身

體去攝取更多的熱量。這也提醒，有時斷食帶來的飢餓感會讓人在下一餐吃得比平常多，這種「報復性進食」反而容易讓人變胖。

再者，斷食帶給身體的改變與壓力，也容易使人在剛開始執行時感到飢餓、焦躁，甚至是頭痛、胃痛、睡眠品質差、易疲倦等不適感，需要經過一段時間的執行身體才能適應。如果過程中不適感太高，建議還是先放寬限制，如每日進食12小時、斷食12小時，或是每日進食10小時、斷食14小時，循序漸進才容易看見成果。

另一方面，間歇性斷食對攝入的熱量雖然不會過分限制，但飲食內容也不能太過放縱或失衡，否則可能導致營養不均衡或關鍵營養素缺乏，而影響代謝與內分泌，甚至引起肌肉流失，反而得不償失。

根據統計，間歇性斷食減掉的體重有2/3來自肌肉組織。身體的肌肉組織隨時都在燃燒與生成，兩者間維持著一個平衡，包含斷食在內的所有減脂方法，如果沒有加上運動，或是飲食中蛋白質攝取不足，都會使肌肉流失，因此斷食期間的進食更要注意營養攝取，每天至少應攝取與體重同等公斤數的蛋白質克數，如體重70公斤的人每天應攝取70克蛋白質食物。

還要注意，糖尿病患者、服用血壓藥或心血管疾病藥物的族群不適合執行間歇性斷食或168斷食，以上人群若要進行斷食減重，需要諮詢醫師的意見，勿冒然施行，以確保生命安全。

168斷食1個月為什麼不見成效？

許多人想到減重都希望能快速見效，但減重很難有速效，必須有耐心執行，且因為每個人的體質不同，因此適用方式與效果也會因人而異。

根據統計，連續28天執行168斷食法後，雖然每週的體重都會逐漸減輕，但效果在第4週時最為明顯且持久；此外，由於體質影響，每個人執行168斷食的成效也會有些差異，明顯的減脂效果需要8～12週，且要觀察整體的體脂肪比例，而非單看體脂肪量。

另外要注意，除了斷食，飲食內容、睡眠、飲水量、個人體質、是否有內分泌疾病等，也都會影響168斷食的執行成效。尤其當體重已接近標準體態，或是已瘦到接近標準體重的人，體內可燃燒的脂肪量少，身體也會出現減重的阻力，因此能減的體重自然較少；平時沒有運動習慣、肌肉量不足或是年長族群，也可能因為基礎代謝率低，較容易因為飲食控管不當而復胖。

健身網紅私藏菜單大公開！

由於168斷食減重聽起來簡單有效，近年來風靡演藝圈與健身界，許多網紅也搭上這股熱潮，紛紛加入減重行列並分享自己的執行經驗。

曾以各種自製減重餐在IG收到廣大迴響的健身網紅May劉雨涵就分享了自己的早餐菜單。她表示，原本的早餐菜單包含燕麥片、

水果、雞蛋、優格、酪梨等，但常常吃過早餐後不到中午又有飢餓感，且這些早餐食材雖然看起來健康，卻容易刺激血糖升降，熱量也偏高，因此她後來看到其他網紅分享在停滯期透過間歇性斷食來擺脫減重卡關。

　　May分享自己最愛的早餐食材是雞蛋，雖然常有訊息稱多吃雞蛋會有膽固醇過高的疑慮，但研究指出，雞蛋與膽固醇過高沒有太大關聯，且雞蛋含有高蛋白、多種維生素、葉黃素等豐富的營養；May還表示，她會將早餐熱量控制在300大卡內，以免排擠午晚餐的熱量攝取，常吃的菜單包括炒蛋搭配酪梨、水煮蛋搭配蘋果，或是堅果搭配咖啡；如果是外食族，也可以在便利商店購買茶葉蛋配豆漿、溏心蛋配蘇打餅乾，或是茶葉蛋搭配芭樂、蘋果、香蕉等水果，簡單、好吃，也很有飽足感。

生酮飲食

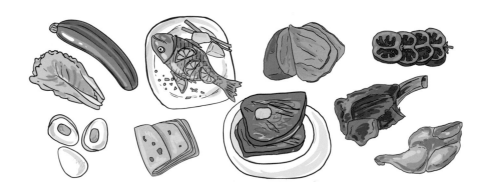

　　生酮飲食可說是近幾年最夯的減重方法之一，很多人試了都覺得效果不錯，也介紹給親朋好友跟著一起做，提醒你，任何不均衡的飲食方式都有可能造成健康隱患，短期使用生酮飲食似乎可明顯看到體重下降的成果，但有三高或其他慢性病的人長期採用這種飲食方式，可能會造成肝臟或腎臟病變，千萬別輕易嘗試！

生酮飲食=限醣飲食

　　所謂「生酮飲食」即「限醣飲食」，簡單來說，就是吃很少的碳水化合物（澱粉類、醣類），並以油脂來代替平時從碳水化合物食物中得到的身體所需的能量，並模擬飢餓狀態，強迫人體燃燒脂肪。由於脂肪分解後會產生酮體，因此這種以脂肪作為人體主要能量來源、不斷產生酮體的飲食法就叫做生酮飲食減重法。

　　生酮飲食的特色就是以高油脂成分的食物取代澱粉類食物，由於人體一般的代謝途徑是先分解澱粉類食物來產生所需的熱量，一旦澱粉類存量不夠，便會以油脂類來替代，且1克的葡萄糖（澱粉類）能產生4大卡熱量，1克油脂類卻能產生9大卡熱量，燃燒速度

是澱粉類的兩倍，因此，短期間內採用生酮飲食對減重會有一些效果，甚至能優化糖化血色素值，但長期使用這種不均衡的飲食模式，對人體還是可能有未被證實的隱患。

長期採生酮飲食，血脂恐出現異常

有些人在使用生酮飲食後體重出現明顯下降，誤以為這就是減重的終極解方，於是也幫著大力宣傳，殊不知，有些人可能不適合這種飲食模式，如果長期這樣吃可能會使血液中的三酸甘油酯增加，一旦血液中的血脂肪產生異常，就可能引起脂肪肝。

哪些人不適合生酮飲食？

一般人採用生酮飲食主要是以減重為目的，但肥胖者代謝機能本來就比較差，加上這些人大部分有三高或其他慢性病，這樣吃很容易加速肝臟或腎臟病變。所以，包括慢性腎臟病、懷孕、心肌症、肝臟疾病、腎結石、血脂肪過高的人都不建議用生酮飲食方式減重，最好還是維持均衡飲食，才不會在減重的同時也減去健康。

生酮飲食可以減少脂肪肝？

網路上流傳：「生酮飲食不但能減重，還可以減少脂肪肝！」真是這樣嗎？其實造成脂肪肝的原因很多，最主要的成因是肥胖，其次是胰島素抗性、三高、酗酒（引起酒精性肝臟疾病）、病毒性肝炎，及藥物、內分泌異常等，脂肪肝的病理過程是因疾病引發胰島素無法快速分解醣類，導致積存在體內，藉克式循環（檸檬酸循環）而形成脂肪堆積在肝臟內。

常見的脂肪肝成因：

1.肥胖：肝臟內脂肪的堆積程度和體重成正比，尤其是重度肥胖者有脂肪肝的比例高達七成以上。

2.酒精：一些長期嗜酒者臨床上超過八成的人肝臟有脂肪浸潤的情形。

3.糖尿病：糖尿病患者有50%以上機率會發生脂肪肝。

4.營養不良：一些飲食缺乏蛋白質的人也可能引發脂肪肝。

5.妊娠：發生原因不明，孕婦多在懷孕34～40週（第三孕期）時發病。

6.藥物：某些藥物會抑制蛋白質合成而造成脂肪肝。

只要減輕5%體重，就有助逆轉脂肪肝

若將病毒性肝炎及酒癮等因素排除，其他因代謝因素引起的脂肪肝通稱為「非酒精性脂肪肝」，已成為國人普遍的肝臟疾病。

所謂「非酒精性脂肪肝」是指肝組織出現病理變化，但無明確飲酒史的一種慢性肝炎和慢性代謝性疾病，肝臟因過多脂肪堆積故

容易產生發炎反應，久了就會導致肝硬化，甚至進展成肝癌。研究發現，要根本逆轉脂肪肝需藉由飲食、體重控制與適當運動多管齊下，效果遠大於各式藥物的治療，臨床證實，減少5%～10%的體重即可明顯改善脂肪肝的症狀，且減重後不僅肝臟發炎、脂肪肝的程度減緩，其他新陳代謝症候群也都可以獲得明顯改善。

低碳飲食

「低碳（碳水化合物）飲食」也稱為「低醣飲食」，就是指「減少飲食中的碳水化合物份量，增加好的油脂和蛋白質，並降低醣類攝取比例」，其作用原理為：飲食中若減少葡萄糖和肝醣含量，可以增加脂肪代謝率，便能藉此控制血糖、避免肥胖。

生酮飲食vs低碳飲食

低碳飲食並不會限制蛋白質的攝取量，只要碳水化合物的攝取量夠低就可以。一般來說，低碳飲食每天大約攝取碳水化合物50公克，大概等於4片白土司。這種飲食法通常不限制熱量的攝取，因為提出者認為會讓人發胖的主要原因是碳水化合物。

低碳飲食怎麼吃？

低碳飲食執行起來很簡單，只要挑對食物就可以，方法如下：

1.減少攝取高碳水化合物類食物：碳水化合物是最會刺激胰島素分泌的主要營養素，肥胖的人通常都會有胰島素敏感度過低的問題，這時若再吃進太多碳水化合物類食物，就容易堆積太多脂肪；且攝取碳水化合物會刺激胰島素分泌，導致脂肪無法被有效分解。

高碳水化合物類食物包括所有澱粉、根莖類蔬菜、水果、牛奶、米/麵粉製品、勾芡類食物等，其他像是蘿蔔、洋蔥等大家覺得吃起來不甜的食物，其實醣類含量都不低；此外，外食餐飲中為了增加風味，常會加糖調味，也許吃不出甜味，但其實加了很多糖，所以也屬於高碳水化合物類食物。

2.增加蔬菜攝取：蔬菜有豐富的膳食纖維及微量元素，是維持身體正常運作很重要的營養素。多吃蔬菜除了能有飽足感，可避免過量進食，也能幫助改善血糖、胰島素分泌等問題，足夠多的抗氧化物也能降低身體發炎反應，幫助達到更好的減肥效果，尤其是深綠色葉菜類，像是菠菜、油菜、小白菜、芹菜葉、空心菜、茼蒿、韭菜等，也要多吃生菜、海菜，以滿足身體所需的微量營養素。

未免蔬菜在烹煮過程中因高溫或水中溶解而流失養分，烹煮蔬菜最好的方式依序是：蒸、烤、生吃、低溫炒、中溫炒、燙、水煮、炸、水煮。

3.增加蛋白質攝取：減肥過程中如果肌肉流失，會使代謝下降，復胖的機率會因此提升，為了防止肌肉流失，必須攝取較多蛋白質食物來保留肌肉量；吃蛋白質食物能有較好的飽足感，可避免過度進食。

大部分的動物性蛋白質都是好的蛋白質來源，尤以雞蛋、肉類、魚類的消化率及品質為佳；植物性蛋白質如大豆、黃豆、黑豆等都是極好的來源。

4.適量攝取好的脂肪：脂質除了是很好的能量來源，也是細胞膜構成的重要成分、細胞訊息傳遞分子、幫助脂溶性維生素吸收、合成體內激素的原料，還能保護器官，也是維持身體代謝必需的營養素，很多人認為減重要斷絕脂肪攝取或是採低脂飲食，其實少吃脂肪會讓重要的荷爾蒙分泌異常，使身體無法正常運作，且愈來愈多研究指出，不好的脂肪及過多的碳水化合物才是造成肥胖的元凶。

不好的脂肪

- 反式脂肪（加工食品包裝上會註明）
- 油炸食物
- Omega-6脂肪酸太高的油。除了橄欖油、椰子油，其他植物油的Omega-6脂肪酸大都太高。Omega-6脂肪酸不是不好的油，但是不要吃太多，跟omega-3脂肪酸成3：1的比例比較好。

好的脂肪

- 肉類（各種肉類中的油脂都不錯，除了雞油的n6脂肪酸太高）
- 酪梨（很好的單元不飽和脂肪酸來源，含有很多微量營養素）
- 橄欖油
- 椰子油
- 酪梨油

低碳飲食需注意事項

1.不能完全不吃碳水化合物：碳水化合物是人體必需的重要營養

素，大腦通過碳水化合物中所含的葡萄糖來工作，人體如果沒有葡萄糖，就會感到疲倦、呆滯或煩躁，且完全不吃碳水化合物反而更容易感到飢餓。根據醫學研究，每天吃少於100克的碳水化合物可能會影響記憶力，大幅減少碳水化合物類食物的攝取也可能會影響人的情緒，增加罹患憂鬱症的風險。

2.選擇正確的碳水化合物：不吃那些精緻或過度加工的碳水化合物食物，例如：白麵包、麵食、貝果、含糖飲料和烘焙食品；相反地，要補充富含膳食纖維的碳水化合物，如蔬菜水果（被稱為「綠色碳水化合物」），這樣可獲得更好的飽足感及身體所需的營養素。

3.飲食要計算熱量：低碳並不等於低卡路里。雖然你不吃義大利麵、麵包或白飯，但如果其他食物還是吃很多，卡路里總量超標，依然無法達到減重的目的。

4.營養均衡：人體的運作需要各類營養素，營養均衡非常重要，才不會為了減重失去健康。

5.不需要太過嚴苛：一下降低太多碳水化合物類食物的攝取，有些人會出現類似生酮飲食的「酮症」效應，例如暴躁易怒、頭暈、抽筋或便祕等，因此要視情況讓身體慢慢適應，可依平時的飲食狀況慢慢降低碳水化合物類食物的攝取，以免驟然改變會讓身體無法適應。

低碳飲食要訣

正常飲食中碳水化合物攝取量約為50%～60%，而低碳飲食建議的碳水化合物攝取量是每日50～150克，約佔每日飲食的10%～20%，其餘則是脂肪50%～60%、蛋白質20%～30%。

運動

　　決定身材胖瘦的關鍵在於：如果攝取的熱量超出消耗熱量，超出的熱量會因節約基因轉為脂肪儲存在身體裡而造成肥胖；反之，消耗的熱量如果超過攝取熱量，累積的脂肪就會被燃燒變成熱能，使身材消瘦。簡單地說，如果戒不了美食，只要增加熱量的消耗，也就是多動，就能瘦身。

　　有些人認為運動太辛苦了，索性就懶得動，其實能讓人消耗熱量的「身體活動」，運動僅佔其中的20％，其餘70％是透過做家事、日常工作等生活中的體能消耗，其餘的10％則在消化吸收食物時消耗。所以，只要增加日常生活中的活動量，多走、多動，甚至只要是站著，都比坐著能消耗熱量。

哪些運動能增加熱量消耗幫助減重呢？

高強度間歇運動（HIIT）

　　指「動作」與「休息」間隔的運動方式，「高強度」的定義是必須達到最大心率80％以上，「間歇」則指在訓練與休息之

間交替，同時具備這兩項條件才算HIIT（High Intense Interval Training）。HIIT結合了肌力及有氧運動，有研究指出，HIIT是所有有氧運動中燃燒脂肪、減肥效果最好的項目，甚至在運動結束後還能有持續燃脂的效果，稱為「後燃效應」（After-burn Effect）。

HIIT的優點

　　1.後燃效應：HIIT可在短時間內達到高耗能，由於做訓練時身體短時間內需要大量的氧氣來提供能量轉換，此時的耗氧量遠大於攝取的速度，身體會產生呼吸急促的現象。訓練完後，體內會有過度運動後氧氣消耗（Excess post-exercise oxygen consumption，EPOC）效應，此時新陳代謝會保持在較高水平，並在數分鐘到數小時內繼續燃燒卡路里、消耗氧氣，即「後燃效應」。

　　2.能增加心肺功能及提高代謝能力：操作HIIT時身體的細胞需要大量的氧氣及營養素，肺部會有更多的空間讓氧氣進入，心臟會跳得更快，血液輸出量提高，以便將氧氣及營養物質輸送到在工作的身體組織，藉此增進心肺適能的能力，也能提高消除肌肉中代謝副產物的能力。

3.提升肌肉量：身體經過高強度訓練
後，會增加粒線體密度及肌肉GLUT4
蛋白（第四型葡萄糖轉運蛋白）。粒
線體會影響身體能量轉換的速度，
GLUT4則是葡萄糖進入肌肉細胞的重
要元素，也能改善體內荷爾蒙分泌，提
高腎上腺素、睪固酮、IGF-1（類胰島素生
長因子），及修復損傷的肌肉細胞，提升肌肉質量。

4.可提高胰島素敏感度：一項針對63歲以上久坐老年族群，經
過6週、每週3次HIIT後，再對他們的胰島素敏感度進行測試的實
驗，結果顯示整體數值有所改善，低密度脂蛋白和血漿膽固醇也降
低了，對於可能有第二型糖尿病風險者的身體改善狀況特別明顯；
另一項研究顯示，HIIT訓練2週以上不但能降低空腹血糖，還能改善
胰島素阻抗，效果比傳統低強度連續運動好，且對減少心臟代謝疾
病及改善健康都有幫助。

5.能有效降低血壓：HIIT對高血壓患者有降低收縮壓的效果，舒
張壓的降幅更大，所以高血壓患者做HIIT能改善心血管健康及提升
最大攝氧量。

操作HIIT的注意事項

　　首先要找一個合格的教練，且每次訓練前要有足夠的熱身才能開
始。最好挑選全身多關節或多肌群參與的訓練項目，對動作要有一定
的認知，可從速率、阻力或休息時間三個控制因素做強度調整。另外
需要注意自身的體能狀況，休息時間需與訓練時間相當，甚至比訓練
時間稍長一些，建議每次至少進行5個高強度的心律區間。

　　HIIT會給身體很大的壓力，兩次HIIT之間最好間隔48小時，建
議每週做2～3次，訓練後要有充分的休息及營養補充，讓身體能儲

存糖源及修補微創傷的肌肉組織；訓練後的隔天仍可安排不同肌群的訓練模式，強度以低到中等為宜，避免身體過度疲勞，甚至是運動傷害。

不適合HIIT的族群：高齡長者、有家族病史者、吸菸者、長期久坐者、過度肥胖者、高血壓患者、血脂異常者、糖尿病患者、重大疾病患者。

游泳

游泳是老少咸宜的運動，養成定期游泳的習慣除了對健康有益，還能燃燒大量的卡路里，對減重很有幫助！研究顯示，一個體重60公斤的人如果採自由式游泳30分鐘，可消耗525大卡熱量，但游泳後會有飢餓感，對肉類與醣的需求增加，所以游泳後如果無法節制飲食，不但沒有減肥效果，還可能讓人更胖。

想讓游泳的燃脂效果明顯，至少要持續1個小時，並維持中等強度，身體才會開始真正燃燒脂肪。

慢跑

跑步是非常健康的運動方式，簡單方便，不易受傷，還可提高心肺功能，有效燃脂，一個60公斤的人慢跑30分鐘可以消耗282大卡熱量。

要有減重效果，每次跑步時間最少需要40分鐘，因為至少要跑超過20分鐘才能讓身體的糖原耗盡，之後才會開始分解脂肪，且跑得愈久消耗的脂肪愈

多。如果1週想要減重0.5公斤，每星期要固定慢跑4次左右，再搭配其他燃脂或心肺運動，持續3～5個月就能看出成果。

糖原

即肝糖（glycogen），又稱動物澱粉，是動物和真菌儲存醣類的主要形式，為多醣的一種，由葡萄糖脫水縮合作用而成。

在人體中，肝糖主要由肝臟和肌肉（主要為骨骼肌）的細胞產生與儲存，可以由肝臟細胞和肌肉細胞合成。由肝糖轉化的葡萄糖可以給全身各處使用，包括中樞神經系統。

人體的肝糖主要儲存在肝臟、肌肉和紅血球，只有儲存在肝臟的肝糖可以由其他器官使用，肝糖在肌肉的濃度較低，約為肌肉質量的1%～2%。

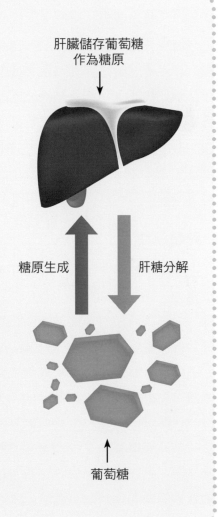

肝臟儲存葡萄糖作為糖原

糖原生成　　　　肝糖分解

葡萄糖

跳繩

跳繩屬於「低耗時高耗能」，也就是能在短時間內達到極大熱量消耗的運動。一個60公斤的人跳繩30分鐘可消耗270大卡熱量，且可持續燃燒熱量達6小時以上，即能有「後燃效應」。

跳繩要能有效減重必須搭配間歇性訓練，像是每持續跳繩30秒就休息1分鐘，然後接續跳繩30秒，如此類推完成9組，若是想加強核心鍛鍊，可嘗試換腳跳30秒，休息90秒，然後連續替換腳跳30秒，持續完成4組。

由於跳繩的肌耐力訓練、呼吸換氣激烈程度不亞於跑步，因此建議早晨空腹或傍晚晚餐前進行跳繩訓練，更能有效提升體內循環、心肺耐力，且不會引起腸胃不適。

球類運動

球類運動結合了有氧運動和無氧運動，不但有爆發力，也很需要耐力，運動持續愈久消耗的脂肪愈多。籃球、排球、足球、羽毛球、網球與桌球等球類運動的減重效果都很不錯，從事球類運動30分鐘約可消耗207大卡熱量。

球類運動的進行方式變化很大，效果端看進行方式而定，舉例來說，打籃球時雖然大部分的「分解動作」都是無氧的，但如果在進攻、防守、走位、換場等過程中盡量不要停下來，持續地來回跑動，那麼一場30～40分鐘的籃球比賽，仍會以有氧系統為主要的能量來源，且因為加上許多爆發性的動作，更能消耗熱量，並能訓練敏捷性與多向移動的協調性，這種有氧/無氧兼具的運動，對體能的消耗有時比穩定狀態的有氧運動要高出許多。

騎自行車

騎自行車是一種很好的全身運動，在台灣已是很普及的運動/休閒項目，只要騎乘姿勢正確，對手臂、腰、後背都能有很好的雕塑效果。一個體重70公斤的成年人，以時速20公里騎自行車，半小時可消耗294大卡熱量；時速30公里的話，每半小時能消耗441大卡熱量。所以，如果持續在週間每天騎40分鐘，週末時每天騎90分鐘，1個月平均可有效減重3.37公斤。

騎腳踏車要有減重效果，心跳速率建議介於自身最大心跳率的70%～75%（約為每分鐘心跳136～146下），此區間最能燃燒脂肪，達到減肥效果。

另外，有氧運動在持續20分鐘過後才會開始燃燒脂肪，因此每次騎車若只有20分鐘，不容易有瘦身效果，每次騎行超過30分鐘，最好能堅持1小時，才能有較好的減重效果。

頻率也是運動瘦身的關鍵，有氧運動若要能有效減脂，每星期不能少於3次。

心跳率要怎麼算？

可使用以下公式：

1.適合40歲以下的年輕族群：220－年齡。

2.適合40歲以上的年長族群：207－（0.67 X年齡）

以25歲成年人為例，依公式1，計算後得到的最大心跳率為195。

以65歲成年人為例，依公式2，計算後得到的最大心跳率為163。

走路

走路就能減重的原理在於肌肉是讓我們身體活動的最大功臣，而肌肉的能量來源正是「脂肪」和「醣」。 從事劇烈運動就會消耗儲存在肌肉裡的肝醣，醣分消耗後會使血糖下降，空腹的結果使食慾更旺盛而想要進食。因此，劇烈運動後如果不懂節制，過多增加熱量攝取，反而會變得更胖；相對於此，散步或逛街這類活動多半是在走路，因此能消耗脂肪，且因為這類活動不會讓血糖快速下降，所以較不會有強烈的飢餓感。

至於每天要走多少步才會有減重效果？比起日行步數，更重要的其實是「走路的方法」，只要以正確的姿勢走路，短短5分鐘也能達到日行1萬步的運動效果。

走路運動時若搭配「腹式呼吸」，能有更好的減重效果。一般的呼吸方式胸部會時而擴張、時而收縮，屬於「胸式呼吸」，腹式呼吸則是吸氣時讓胸部保持擴張狀態，吐氣時刻意讓腹部收縮， 這套呼吸法會在不知不覺間用到不少胸腔肋骨間的肌肉和橫隔膜，因此呼吸短短5分鐘腹肌隔天就會相當痠痛。但習慣了這套呼吸法後，不管是坐著看電視或站著與人談天，時時刻刻都能運用自如。

身體深層部位的肌肉稱為「深層肌肉」，其特性是容易燃燒內臟脂肪。如果只靠控制飲食來瘦身，會減弱腹部的深層肌肉，使腹肌鬆弛，也就是我們常見「大腹翁」、「小腹婆」的情況。走路運動時如果採腹式呼吸，藉此鍛鍊腹部的深層肌肉，使腹部肌肉緊實，瘦身後腰線會更明顯，腹部也不會看起來鬆垮垮的。

走路要訣之二是膝蓋要伸直，腳跟先著地，腳底板要踏穩，抬起

腳跟時要使勁，這種走路姿勢可運動到臀部和大腿後側的大塊肌肉。

要訣之三是要邁大步伐，以最快的速度走路。保持這種姿勢只要走5分鐘，不僅能提高運動強度，也能有效減少內臟脂肪，減重兼能雕塑身材。

即使天冷，走路運動時也不要穿太厚重

有些人為了瘦身穿排汗衣走路，或是因為怕冷包得緊緊的出門運動，走得汗流浹背便覺得有燃燒脂肪的效果，這樣走完後站上體重計一量，體重確實減輕了，高興著瘦身有成，卻不知用這種方式瘦身只會帶來反效果！

由於脂肪是用來保持體溫的發熱物質，天冷時它會燃燒讓身體禦寒，因此，冷天時穿單薄一點走路更能有效燃燒脂肪。 如果穿排汗衣或厚重的衣服走路，才走一下就會因體溫上升而感覺熱，這時體溫調節中樞會開始運作，也就是排汗，以促使體溫下降。 這種走路方式儘管流了不少汗，體重當下也確實減輕了，但減少的其實只是身體裡的水分，一點也沒有燃燒到脂肪，走完之後若補充水分，立刻又會恢復成原來的體重。

所以冬天走路運動時要穿單薄一點的衣服，當脖子的體溫調節中樞察覺到寒冷，就會下達燃燒內臟脂肪的指令，身體反而變得更暖和，減重效果也會更好。

醫療

手術

縮胃手術

腹腔鏡胃縮小手術是限制型的減重手術，利用腹腔鏡手術及腸胃自動吻合器，把胃大彎垂直切除（切除75％以上的胃部），使胃部形成約100cc容量的狹長管狀小胃，也就是俗稱的「香蕉胃」。

胃大彎的地方會分泌飢餓荷爾蒙，其主要作用為促進食慾，而胃縮小手術的作用是切除會分泌飢餓素的胃底，所以會降低血中飢餓素濃度，使飢餓感降低而減少飲食攝取，進而達到減重的目的。

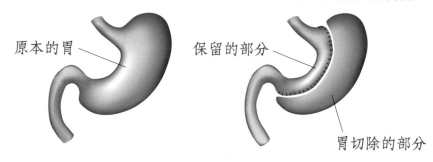

原本的胃

保留的部分

胃切除的部分

減重效益

術後約1年可減去70％～75％之多餘體重。

優點

1.去除飢餓感，不易復胖，短期及長期減重效果與胃繞道手術相當。

2.傷口極小，疼痛度低，僅需住院3～4天。

3.單切口腹腔鏡手術，術後幾乎看不到傷口。

4.安全性高、後遺症少。

5.日後仍可進行胃鏡檢查。

6.無改變腸道，不影響營養素吸收，不易有貧血及營養素缺乏的問題。

7.無異物植入問題。

8.無腸胃吻合，腸道接口處邊緣性潰瘍發生機率低。

缺點

1.為不可逆性手術，無法回復原本的胃。

2.平均減少體重比胃繞道手術少一些。

3.多數患者手術後需終身服用維生素。無論哪種減重手術，術後食量都會變小很多，因此，為避免發生營養缺乏或不均衡，補充維生素是必需的。

哪些人適合做縮胃手術？

1.體重超過200公斤的人：外科醫生在執行微創腸胃道手術時，必須要有足夠的空間將小腸重新整理，空間不足時做胃繞道手術會十分困難，因此特別肥胖的病人適合接受胃袖狀切除作為第一階段手術。

2.服用精神安定藥物的病人：如果病人患有嚴重憂鬱症或焦慮症，需長期服用身心安定藥物，可選擇這類不會影響到身體對藥物吸收的手術。

胃繞道手術

　　胃繞道手術分為兩部分，第一部分是將胃分成一個約30～50cc的小胃和剩下的大胃，只有小胃會有食物經過，因此病人術後只要吃一點點東西就會感到飽脹；第二部分是改變小腸的結構及方向，使150～200公分的小腸失去正常消化吸收的功能，病人一方面吃得少，加上消化吸收變差，減重效果可以很明顯。

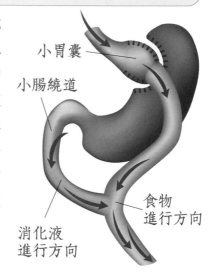

小胃囊

小腸繞道

食物
進行方向

消化液
進行方向

優點

　　1.減重效果好，減重速度快：第一年約可減少30%～35%的多餘體重。

　　2.治療糖尿病效果佳。

缺點

　　1.手術較複雜，術後併發症（1%～5%）及死亡率（0.3%～1%）較高。

　　2.術後易有微量元素吸收不足的問題，可能產生貧血及其他併發症，需長期補充鐵、鈣、葉酸、維他命B群等營養素。

　　3.術後胃下半部無法做胃鏡檢查，胃癌若發生在此處不易早期發現。

手術效果

　　術後的前3個月內多數人可減去33%的多餘體重，1年後可減去60%～80%的多餘體重，減重效果的最高峰在術後1～2年，接著會

有輕微復胖的現象，但長期減重效果還是很顯著，術後5年減重成果仍可維持在減少60%的多餘體重。

不適用人群

有胃潰瘍、胃癌家族史或接受過胃部手術者不建議施行。

胃內水球置放術

將一個矽膠材質的扁氣球體從口腔順著食道置入胃部，之後再注入約500cc含染劑（如甲基藍）的生理食鹽水，亦即在胃部放一個約500cc的水球；經過6個月的飲食調適及減重後，水球需取出，以防止液體滲漏。

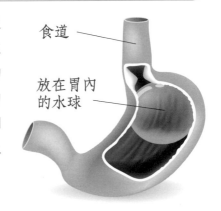

食道

放在胃內的水球

胃內水球置入術禁忌症

1.嚴重的胃腸道發炎疾病，包括：食道炎、胃或十二指腸潰瘍、癌症等。

2.可能造成上消化道出血情況，例如：食道或胃靜脈曲張、先天或後天腸道微血管擴張、或胃腸道的其他先天異常。

3.過去曾接受胃或腸手術。

4.懷孕或哺乳期的女性。

可能發生的併發症

1.在置入與取出水球時可能會產生食道損傷或破裂，但機率很低（<1%）。

2.術後會有暫時性的噁心、嘔吐或胃酸逆流等胃部不適反應，最

常發生在第1週，但這些問題經由調整飲食和藥物治療，大多可改善。

術後注意事項

1.如有腹痛、嘔吐等不適情形，應立即告知醫護人員處理。

2.進食時間及注意事項應遵照醫師或護理人員之指示。

可調式胃束帶手術

利用手術將一條矽膠做成的帶子在胃的上半部隔出一個約30cc的小囊，術後可藉由埋在肚皮下的調節器調整束帶鬆緊度，病人少量進食即會有飽足感，進而達到減重的目的。

手術後病人可在1～2年內慢慢調整束帶到最適合的緊度；此外，術後需配合接受食量減少，同時堅持固體食物、避免流質食物，再搭配適量運動，如快走、游泳、騎腳踏車等，才能達到良好的減重效果，如果無法配合改變飲食及生活習慣，則減重效果將不如預期。

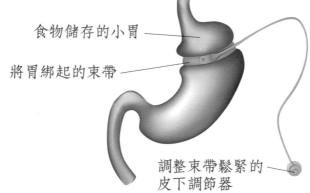

食物儲存的小胃

將胃綁起的束帶

調整束帶鬆緊的
皮下調節器

優點

1.手術簡單、併發症少（＜0.5％），死亡率低（＜0.1％）。

2.束帶鬆緊度可適時調節。

3.不需用時胃束帶可移除。

缺點

    1.少數人可能有術後感染或束帶位移而需再次開刀。

    2.嗜吃高熱量液態食物者不適合。

手術效果

    術後兩年約可減輕50%～60%的多餘體重。

常見減重手術比較

術式	優點	缺點
胃袖狀切除（胃縮小）	1.較胃繞道手術安全 2.較胃束帶手術便宜 3.胃荷爾蒙分泌降低，減少飢餓感	1.胃一旦切除無法再回復 2.術後可能會有胃食道逆流的情形
胃繞道	1.減重效果好且快 2.治療糖尿病效果最佳	1.手術較複雜，術後併發症及死亡率較高 2.營養素吸收不完全，需長期補充鐵、鈣、葉酸、維他命B群等營養素
可調整式胃束帶	1.安全性高 2.可適時調節束帶鬆緊度 3.不用時可移除	1.效果較慢 2.術後1年需做胃束帶鬆緊度調整 3.嗜吃高熱量液態食物者不適合
胃內水球	1.非手術，不需住院 2.可減少原體重的10%～15%	1.水球放置6個月需取出 2.生活習慣未改善，取出後易復胖 3.放置後1～3天易吐，之後會逐漸改善

減重手術健保給付標準

自2020年5月1日起，我國健保對減重手術治療的給付須符合下列條件：

1.BMI≧37.5，或BMI≧32.5且合併有高危險併發症，如：第二型糖尿病患者其糖化血色素經內科治療後仍達7.5%、高血壓、呼吸中止症候群等。

2.年齡介於20～65歲。

3.須減重門診滿半年(或門診相關佐證滿半年)及經運動、飲食控制在半年以上。

4.無內分泌系統異常或其他會造成肥胖的疾病。

5.無藥物濫用或精神疾病。

6.無重大器官功能異常並能接受外科手術風險。

7.經由精神科專科會診認定精神狀態健全無異常。

若符合上述條件，病人只需負擔部份腹腔鏡耗材費用、病房差額及健保部分負擔，一般在數萬到十幾萬元不等。由於腹腔鏡手術可大幅降低手術風險及幫助病人快速復原，目前幾乎所有的減重手術都採腹腔鏡微創方式來進行。手術費用差異主要來自手術方式及所用器械種類的不同，病患在手術前可多與醫師溝通，選擇最適合自己的治療方式。如果體重不符合健保標準或因糖尿病而自費接受手術者，目前手術費用約20幾萬元。

藥物

台灣目前唯一核准「合法、合規定」的減肥藥只有Orlistat（Xenical，羅氏鮮）。羅氏鮮的作用方式是在小腸吸收脂肪的過程中對脂肪分解酵素產生抑制作用，讓脂肪不能被分解成較小的脂肪酸由人體吸收，所以就不會因肥肉吃太多而發胖，且飲食中只要含有油脂，羅氏鮮就會將其中的三分之一排出，排油量與飲食的油脂含量成正比。

使用羅氏鮮會因為脂肪無法被吸收而產生潤滑性腹瀉，也由於脂肪吸收減少，脂溶性維生素有時會因吸收困難導致人體缺乏，需要另外補充。

使用羅氏鮮3個月體重減少大於5%時，到第6個月將減重12.4%以上，若能積極配合飲食減量與運動，效果會更好。

使用羅氏鮮減重，每減10公斤，其中所含脂肪為7公斤。

副作用：

1.忍不住的便意、脹氣、油便。

2.減少脂溶性維生素A、D、E、K吸收。

因致癌風險，台灣下架沛麗婷

2017年台灣食藥署核可上市的減肥藥Lorcaserin（沛麗婷，Belviq®），其作用是血清素致效劑，如同抗憂鬱藥物，可抑制大腦的食慾神經元以降低食慾。常見的副作用為頭痛、上呼吸道感染、眩暈、噁心，孕婦不可使用，且不可與其他會增加血清素濃度的藥物一起使用，否則容易出現意識混亂與自律神經失調等症狀，因有致癌風險，台灣已於2020年2月下架。

減肥針（也稱「減重筆」）

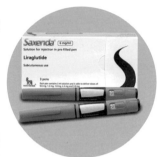

最近關於減重最火熱的話題無非是2021年6月美國核准可使用於肥胖治療的針劑藥物Semaglutide，這是自2014年後終於又有減肥藥物取得使用許可。

Semaglutide原為治療糖尿病的藥物

Semaglutide全名是「升糖素類似胜肽物（GLP-1 agonist）」，原本是作為治療糖尿病的藥物，但在測試糖尿病治療效果的過程中發現它有很好的減重成效，後續針對沒有糖尿病的肥胖患者做了大規模試驗，結果多數人獲得明顯的減重效果，之後被美國食藥署核准用於減重治療。

不同劑型用途大不同

Semaglutide治療糖尿病與肥胖有兩種不同劑型：

Ozempic（胰妥讚）： 劑量較低，用於治療糖尿病，台灣食藥署尚未核准用於肥胖治療。

Wegovy：劑量較高，用於治療肥胖，美國食藥署已核准使用。

Semaglutide能延緩胃排空，並透過抑制飢餓中樞減少食慾

Semaglutide對於減重的作用機轉主要有兩個：

1.延緩胃排空： 延長食物在腸胃道停留的時間，讓飽足感的時間延長。

2.從中樞神經抑制食慾： 透過抑制飢餓中樞並活化飽食中樞，有效降低患者食慾。

一項由1306名無糖尿病受試者參與的實驗，受試者平均體重105公斤，使用Semaglutide 68週後體重平均減少15.3公斤（14.9%），遠高於安慰劑組的2.6公斤（2.4%）。實驗還發現，Semaglutide可同時改善受試者的血糖、血壓、血脂，即降低心血管疾病的風險。

可能出現的副作用

1.腸胃道不適：幾乎所有使用者都會遇到，不適症狀通常在1～4週內會緩解，因此使用初期必須從低劑量開始，慢慢增加劑量；且吃飯時要遵循三不原則：不吃太快、不吃太多、不吃太油，藉此減輕腸胃道不適的情形。

2.心跳加速：部分受試者有心跳加速、心悸的情況，這通常會隨著時間慢慢緩解。

3.憂鬱或自殺意念：約10%的人使用時有心理副作用。若使用後長時間處於心情低落、憂鬱，甚至有自傷念頭，應立即回診與醫生討論是否停藥。

4.膽道發炎或膽汁淤積：發生率約2%，若使用時有右上腹痛或上腹痛，應就醫由醫生評估是否停藥。

5.其他：如胰臟炎、急性腎衰竭、低血糖、糖尿病視網膜病變等，發生率小於1%。

不適用族群

1.甲狀腺髓質癌患者或是家族有相關疾病者。

2.第二型多發性內分泌腫瘤症候群（分為A、B兩型。A型包含

甲狀腺髓質瘤、嗜鉻細胞瘤及副甲狀腺增生，B型包含甲狀腺髓質瘤、嗜鉻細胞瘤及神經腫瘤）患者。

3.計畫懷孕、正在懷孕或哺乳中的女性。

適用族群

1.BMI ≥ 27且已有肥胖併發症。

2.已達中度肥胖（BMI>30）。

3.經醫師、營養師、心理師協助仍無法有效控制食慾與飲食習慣者。

醫師的小叮嚀：

由於減肥針（減重筆）最主要的原理是抑制食慾、提升飽足感，如果沒有在使用藥物時改變飲食及生活習慣，停藥後極有可能復胖，所以，使用時必須同時學習正確的飲食、運動與生活習慣，才能達到長期維持健康體態的成果。

總是失敗的ＮＧ減重法

減醣飲食的10大迷思

健身風潮興起，帶動減醣飲食也跟著熱起來，由於減醣飲食比斷食等極端飲食方法容易執行，飲食內容也很貼近一般人的日常飲食，吸引很多人投入這種不吃/少吃澱粉、只吃高蛋白的行列，其實這是不恰當的，因為長期只吃蛋白質不吃澱粉，身體會把蛋白質當作熱量來消耗，當體內蛋白質減少，免疫球蛋白也會跟著減少，極有可能引發生理異常。

減少糖分攝取一定程度能有助減重，但以減醣的飲食方式來幫助減重仍需考量諸多因素，免得減了體重卻傷害健康。以下破解減醣飲食的10大迷思：

1.減醣就是要斷絕澱粉？

減醣飲食其實是比較寬鬆的低碳飲食，醣類的比例大約佔總熱量的26%～45%，全穀雜糧、水果、鮮乳等含有醣類的食物控制在此範圍內就可以，不可完全不吃，該戒掉的是含糖飲料、甜食、零食等含精緻糖的食物。

2.減醣飲食要吃很多肉？

減醣之後若蛋白質及油脂的比例沒有增加，很容易出現飢餓感，建議減醣時可適量增加蛋白質食物的攝取，額外增加的蛋白質

以植物性蛋白質為佳，例如：豆腐、豆乾、毛豆、黑豆等，這樣可避免攝取過多的飽和脂肪。

3.升糖指數（GI值）高的食物不能吃？

多數專家建議減醣飲食要多攝取低GI食物，因為低GI食物比較不容易造成血糖波動，較不會刺激胰島素大量分泌，對於血糖控制、減少脂肪囤積及提升飽足感比較有好處。但GI值高的食物不代表就會讓人發胖（同理，不是所有低GI食物都有減重效果），例如西瓜、荔枝等有營養價值的水果，雖然GI值較高，只要能控制份量且避免空腹食用即可。

4.鮮奶的乳糖很高不能喝？

牛奶中雖含有乳糖，不過乳糖的消化速度並不快，加上牛乳蛋白及油脂能延緩消化速度，因此對血糖的刺激不大，加上牛奶含有多種人體必需的維生素、礦物質，對健康很有好處，因此不必在飲食中將牛奶剔除。

5.所有人都適合吃減醣飲食嗎？

　　糖尿病人、腎臟病人及慢性病患者，減醣飲食需找營養師及醫師做規劃；運動量極大的人、運動選手的減醣飲食也需要經過特殊設計；兒童、青少年、懷孕/哺乳期女性建議採均衡飲食，不適合進行減醣飲食。

6.減醣飲食感覺吃不飽怎麼辦？

　　人的飢餓感是大腦下視丘與消化系統間相互作用的結果，食物的份量太少、熱量太低，都無法傳遞飽足訊息給大腦，因此會有「沒吃飽」的感覺；另外，食物本身的特性也會影響飲食的飽足感，例如油脂類食物因為消化較費時間，因此可延長飽足感的時間，高纖、低GI食物對血糖刺激較小，飽足感通常也比較好。

　　要吃得飽又不會攝取太多熱量，關鍵要吃足夠的蔬菜（每餐至少1碟）、適量的蛋白質、油脂（不要吃水煮餐），主食吃全穀雜糧（地瓜、燕麥、糙米等），也要改變進食順序，從熱量密度較低的食物開始吃。

7.孕婦及哺乳期間適合採用減醣飲食嗎？

　　女性在懷孕及哺乳期間需要的營養素如維生素B_1、B_2、鎂、鐵、鋅等比一般成年女性來得多，因此建議懷孕及哺乳期不要採取任何特殊飲食，補充各類營養素最好的方式是均衡飲食。

8.要怎麼調適用腦過度、重訓後出現的猛爆性飢餓感？

　　人體對醣類食物的需求或慾望並非恆定，大腦運作、肌肉運動都需要醣類的協助，當用腦過度、加強身體訓練後，如果身體的醣類不足，就會想要大吃一頓。所以，當運動量增加、壓力大、思考

量大時不要嚴格限醣，適時增加一些好的碳水化合物可幫助更好的飲食控制，減醣飲食不妨等身體狀況恢復後再進行。

9.只能吃減糖麵包、餅乾嗎？

市售的減糖麵包、餅乾、餐盒大多是經過配方調整，將精緻的碳水化合物原料，如白麵粉、砂糖等，改為全麥麵粉、豆渣、杏仁粉、代糖等，因此整體的含糖量較低，相對來說營養價值較高，因此控醣時期吃這些食物是可以的，不過還是要注意糖類以外的其他成分，例如鈉、油脂、添加物含量是否過多，否則為了控醣吃進其他過多的有害成分，反而不利健康及減重。

10.吃減醣飲食為什麼沒瘦？

任何飲食方法都須兼顧熱量控制及營養素的需求，低醣食物吃很多，但整體熱量超過身體所需，還是無法達到減脂/減重的效果，且大部分低醣飲食在執行6個月內會有顯著減重效果，之後效果就會遞減。

想要有細腰長腿好身材，這些地雷要知道

　　許多女明星分享喝燕麥粥、檸檬水等方法減重，很多人也跟著嘗試，由於初期可能頗有成效，於是大力配合宣傳，這裡要提醒你，如果長時間採用這些飲食方法減重，日後可能要付出一些健康的代價。

BMI偏低可能有原因不明的潛在疾病風險

　　為了健康、為了身材，大家瘋減重，各式減重方法其實暗藏地雷。舉例來說，一個體重50公斤、身高167公分的女性，其BMI值為17.9，屬於偏瘦，依國民健康署建議的健康體重，成人BMI應維持在18.5～24之間，如果小於18，就可能會有健康問題。

　　還要注意的是，BMI偏低還可能有原因不明的潛在疾病風險，甚至可能會使

壽命減短。此外，健康體重除關注BMI值，也要評估體脂率，避免出現容易被疏忽的疾病，例如肌少症、脂肪肝等。所以，減重的目標不只是體重下降，更要加強肌肉的訓練，才會有緊實的體態，也才符合健康的原則。

燕麥雖好，仍要提防澱粉攝取過多

也有女星分享正餐吃燕麥粥減重的方法，由於燕麥粥料理變化多、好處多，許多人也一窩蜂跟著學。要提醒大家，以燕麥當主食在營養學上的確有一些優點，例如：乾燕麥在烹煮過程中會吸收大量水分，其中的膳食纖維能夠延長飽足感，且燕麥是好的碳水化合物，升糖指數也低，具有降低食慾和焦慮的作用，還能提供滿滿的精力，不易有疲倦感。

研究報告指出，長期且適量食用燕麥能有效降低血脂和膽固醇，並有助預防心血管疾病，但以燕麥取代正餐必須適量，才不會導致澱粉攝取過多，不然只一味注重降低膽固醇，卻可能攝取過多熱量和三酸甘油酯。

喝檸檬水+運動，才能有效控制體重

韓星宋慧喬曾透露自己喝檸檬水來控制體重，她的方法是：在1公升水中加入半顆檸檬原汁，放在冰箱冷藏，讓檸檬水冰涼好喝，每天至少喝下3公升，搭配15分鐘運動，不須特別節食或戒零食，就能有效控制體重。

喝檸檬水真的能減重嗎？檸檬主要成分為醣類、鈣、磷、鐵、維生素B_1、維生素B_2及大量的維生素C，美國一項研究發現，血液中維生素C含量與身體燃燒脂肪的能量有直接關係，也就是説，體內維生素C含量較高的人運動時可燃燒較多的脂肪。

但若僅僅是喝檸檬水對減重是沒有幫助的，宋慧喬使用此法之所以奏效，在於她每天要喝下3000cc的檸檬水，使得飽足感提升，吃零食/點心的機率自然較少，也能降低三餐飲食的攝取量，再加上檸檬熱量極低，每100公克僅24大卡，不過要提醒你，榨取檸檬汁時最好保留檸檬纖維，因為纖維質對腸道益處多。

減重要有成效，除了減少熱量攝入，也需要靠運動消耗熱量、提升代謝力，才是保持健康且體重穩定持久的關鍵。

最後要提醒你，檸檬容易酸蝕牙齒，還會促進胃酸分泌，有胃酸過多、十二指腸潰瘍的人應避免多吃；另外，檸檬富含鉀離子，具利尿作用，腎病患者也不能吃太多，以免加重腎臟負擔。

喝黃瓜檸檬水消水腫？
小心蛋白質缺乏

　　肥胖的原因多種多樣，體內水分滯留排不掉也是原因之一，要確認是否有水腫的情形，可按壓一下小腿肚，如果印痕消退得很慢，就有可能是水腫型肥胖纏身了！

　　對付水腫型肥胖，韓國娛樂圈盛行喝「黃瓜檸檬水」或「綠茶檸檬水」，據說能快速排毒、消水腫，讓體重在短時間內狂降，許多人也分享了成功的經驗。

小黃瓜含鉀，有助利尿、消水腫

首先來看一下小黃瓜的營養成分，它的頭部含有帶苦味的葫蘆素，瓜體含鉀，有助利尿、消水腫，多吃小黃瓜，可幫助身體多餘的老舊廢物排出，自然就比較不易水腫了。

此外，小黃瓜95%都是水分，熱量相當低，100克約只有15大卡，甚至有人提出小黃瓜是「負卡路里食物」，多吃有助減重。所謂「負卡路里食物」是指食物在消化過程中佔了吃進去10%的份量，卻遠低於會攝取到的熱量，但事實上，吃「負卡路里食物」並不會讓人愈吃愈瘦，到目前為止，也沒有客觀的科學研究能證實，吃進去的食物在經過消化後，消耗的熱量會多於攝取的熱量，所以千萬不要偏聽這些無科學依據的傳言。

綠茶檸檬水的抗氧化效果有助新陳代謝、養顏美容

還有許多愛美女性靠喝綠茶檸檬水控制體重，由於綠茶含有豐富的兒茶素，是一種類交感神經興奮劑成分，有助提升新陳代謝

率，尤其當綠茶遇上檸檬水，會讓茶香更加甘醇清爽，不只好喝，還能促進血液循環、新陳代謝，提升減重效果！另外，因為檸檬富含維生素C，綠茶加入檸檬能有更好的抗氧化效果，有抗老化、養顏美容、幫助傷口癒合和增加免疫力等諸多好處！但要注意，檸檬屬性微酸，有消化性潰瘍的人不宜多食。

黃瓜檸檬水加食用醋，減重效果加倍？

還有人為了提升減重效果，在小黃瓜水或是冷泡黃瓜檸檬水中再加入食用醋，認為醋可以抑制酵素活性，提升新陳代謝率。理論上來說，飯前喝少許醋有助延緩腸胃排空食物的時間，使飽足感提升；而飯後喝少許醋能幫助降血糖及胰島素，也能藉此幫助脂肪分解。

醋的成份中含有檸檬酸，而身體多餘的脂肪或葡萄糖需要藉

檸檬酸循環（又稱克列氏循環）才能有效分解成ATP（腺苷三磷酸），連帶也能產生能量，達到消脂的作用；醋的另一個作用是可以延長食物在胃中的排空時間，如此一來，不但可增加飽足感，還可讓胰島素有充分的時間來分解澱粉及脂肪。

飯前喝醋水可抑制食慾，飯後1小時內喝醋水可幫助鈣質吸收，但注意不宜空腹飲用，以免過度刺激腸胃黏膜，引起發炎和潰瘍反應，另外，原醋不可直接飲用，需以大量白開水稀釋，可降低醋酸對腸胃的傷害。

市售醋飲多以水果釀造，除了水果本身所含的糖分之外，製程中也會添加大量的糖以中和醋的酸度，使醋飲更好喝，喝得過多會攝取過多糖分和熱量，增加肥胖機率，也可能會提高血脂值，加重心血管疾病發作的風險。

醫師的小叮嚀：

食用黃瓜檸檬水或綠茶檸檬水減重要注意「適量」，有些人為了達到快速減重的目的，三餐都用小黃瓜加檸檬水來替代，這樣做短期內身體可能不會有明顯的不適，但時間久了就可能產生蛋白質缺乏症候群，甚至會產生白蛋白低下，導致水腫等症狀。

長期營養及熱量嚴重不足也會使荷爾蒙分泌產生變化，導致女性生理期紊亂及掉髮，甚至會因腦內啡分泌不足而出現憂鬱症。因此，不建議用此種激烈的飲食方式來減重，免得瘦身不成還造成不可逆的健康隱患。

先吃菜再吃肉！
這樣反而使食慾大增

網路上有許多傳授減重的飲食方式，其中常被提到的是「先吃菜，再吃肉」，這個理論指出，吃菜讓膳食纖維先下肚，增加飽足感後就不會想再多吃其他食物，自然有利減重。但膳食纖維先下肚真的會增加飽足感嗎？其實這樣做反而會使食慾大增，大大不利減重。

蔬菜含水份及膳食纖維，使腸胃蠕動變快，反而會加速胃的排空時間

蔬菜是熱量極低的食物，主要成分是水份及膳食纖維，其生理作用是促進腸胃蠕動及補充礦物質，多吃蔬菜後因為腸胃蠕動變快，會加速胃的排空時間，很快就會出現飢餓感，所以，「先吃蔬菜，再吃肉」的減重觀念是不正確的。

先吃蛋白質類食物可喚起飽足感中樞，產生「停食」的反應

依據2004年莫倫（Timothy H. Moran）等人在《腸胃道及肝臟

生理學雜誌》（Nature Reviews Gastroenterology & Hepatology）上刊登的「飽食信號II膽囊收縮素（Gastrointestinal satiety signals II. Cholescystokinin）」一文中，特別提到蛋白質分解後產物胜肽可引起小腸及胰島腺的膽囊收縮素（CCK）受體敏感度增加，進而使血中的CCK濃度增加，CCK增加後就會使下視丘的飽足感中樞活化，發出「吃飽了」的訊號，所以先吃蛋白質類食物反而有利節制飲食，更有利減重。

此外，進餐時先吃蛋白質類食物還有以下優勢：

1.穩定血糖：這與胰島素分泌大有關係，第一口食物吃蛋白質能減緩胰臟的胰島素分泌，避免血糖快速上升。

2.飽足感：不同種類食物所需的消化時間不一樣，消化慢的先吃，消化快的後吃，而蛋白質的消化時間約需4～5小時，同時有助增加瘦體素（Leptin）濃度，比碳水化合物食物更有飽足感。

3.啟動消化酵素：先吃蛋白質類食物能啟動體內分解蛋白質的消化酵素，胰臟就會開始分泌「升糖素」，抑制胰島素分泌，有助分解脂肪。

吃「瘦肉精」減重？別傻了！

　　新聞吵嚷多時的瘦肉精，說豬吃了會長瘦肉不長肥肉，那人吃了含瘦肉精的豬肉有沒有可能讓人也「減脂增肌」？這說法完全是無稽之談，事實上在動物代謝與高溫烹調下，肉品瘦肉精的殘留已經很少，更不可能吃了讓人有「減脂增肌」的效果，所以想要靠吃「萊豬」來增肌減脂完全是不可能的，運動與節制飲食才是減重的正確方法。

胃酸會分解瘦肉精，影響人體的劑量非常少

　　瘦肉精是一種乙型受體素，成分是萊克多巴胺，在肉豬屠宰上市前28天加入飼料中，每頭豬可增加5公斤瘦肉、減少3公斤脂肪、減少18.5公斤飼料，可以提早讓豬隻達到足以銷售的重量，對豬農來說是減少成本、增加利潤的好事。

　　但豬農發現，使用瘦肉精會讓豬隻情緒變得很躁動，為什麼會這樣？其實瘦肉精是一種類神經興奮劑，藉由心跳增加來提升中樞神經興奮度，加快體脂肪分解，人體如果食用過量可能會出現噁

心、頭暈、心悸、血壓上升等情形，中風與心血管疾病的罹患風險也可能增加。

　　飼料中的瘦肉精在養殖動物體內大部分會被分解，留在體內的劑量非常少，且萊克多巴胺熔點約165～167度，肉品在高溫烹調下，特別是燒烤，即使殘存的瘦肉精成分也會被破壞，加上人體胃酸也會分解瘦肉精，吃了含瘦肉精的豬肉會影響身體的劑量非常少，如果異想天開想要藉吃含瘦肉精的豬肉、牛肉來減重，結果就是要大失所望了。

增加肌肉的關鍵在攝取蛋白質、白胺酸

　　想要增加身體的肌肉量，關鍵在於多攝取優質蛋白質，並且要多補充白胺酸。白胺酸是刺激肌肉生成最強的支鏈胺基酸，人體無法自行合成，必須由食物取得，來源如：海鮮、魚、雞、起司等；維生素D也很重要，它能夠維持肌肉與骨骼健康，曬太陽是獲取維生素D的好辦法，皮膚經過陽光照射後，其中的紫外線UVB能幫助合成維生素D，此來源佔人體所需維生素D的80%～90%。

增加肌肉的關鍵不只需要蛋白質，還要有足夠的碳水化合物，澱粉類食物如米飯、麵食、水果等含醣類食物如果吃太少，也有可能長不出肌肉，因為醣類食物是運動的最佳能量來源。運動時身體會先使用肝醣當作能量來源，肝醣用完時如果沒有額外補充醣類食物，就有可能導致肌肉流失。

一般人大約從40歲開始肌肉量與大腿肌力會開始下降，當肌肉減少到一定程度就會出現肌少症，一旦肌肉量不夠，下肢力量容易不足，會增加跌倒與失能的風險，代謝也會發生問題，亦有可能增加罹患糖尿病與心血管疾病的風險。

要知道有沒有肌少症，可用以下方法做自我檢測：

兩手拇指對拇指、食指對食指形成一個圈，若沒辦法圈住小腿最粗的部位，顯示肌少症的風險仍然很低，如果能夠圈起來且還有空隙，就屬於肌少症的高風險族群，建議到醫院做進一步檢查，確認身體肌肉量是否符合標準，並了解應該做什麼運動、增加攝取什麼營養，才能讓肌肉量增加。

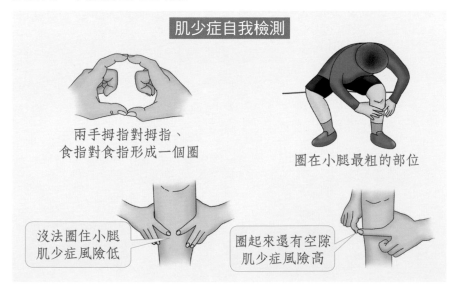

肌少症自我檢測

兩手拇指對拇指、
食指對食指形成一個圈

圈在小腿最粗的部位

沒法圈住小腿
肌少症風險低

圈起來還有空隙
肌少症風險高

冬天是減重的好時機？

　　網路上有人說：寒冬時節低溫來襲有助加速減重！南韓也曾流行一種「冷凍減肥法」，利用釋放液態氮的冷療艙，號稱只要短短3分鐘就可以消耗將近800大卡熱量，且這種冷療艙不只能減肥，還能迅速消除疲勞，深受不少明星、愛美人士及運動員的喜愛。

　　低溫真的有利減重嗎？根據科學實測，低溫確實有促進身體代謝的作用，尤其再適度搭配含有兒茶素或咖啡因成分的飲料，就可以有很好的減重效果。

10月到隔年2月是最容易發胖的季節

　　根據國內減重門診臨床統計數據顯示，每年10月到隔年2月是國人最容易發胖的季節，原因為何？首先是10月天氣開始轉涼，氣溫

一變低人體就不容易出汗，新陳代謝率也跟著下降，體內多餘的脂肪就不容易被分解利用；其次，每午底到開春有許多以吃為慶祝方式的節日，像是耶誕節、尾牙、春節、元宵、春酒等，親朋好友經常相聚大吃一頓，熱量的囤積當然會增加，自然容易發胖。

　　這段時間雖然容易有大吃的機會，但如果能因勢利導，利用低溫的環境、聰明吃，也能有效控制體重。

米色與棕色脂肪能產生熱量及促進代謝

　　人體脂肪分為白色脂肪、米色脂肪與棕色脂肪，只有棕色及米色脂肪具有促進代謝的作用，屬於「好的脂肪」，但這類脂肪從出生後就會慢慢減少。棕色脂肪的另一個特質是它含有大量的第一型去耦合蛋白質（uncoupling protein 1，簡稱UCP1），能加快細胞分解脂肪酸的速率，如果能將之充分活化，即可燃燒每天基礎代謝量10%～20%的熱能；米色脂肪介於白色脂肪與棕色脂肪之間，也能生成UCP1，米色脂肪比白色脂肪有較高的產熱能力，換句話說，棕色脂肪和米色脂肪這兩種脂肪可大量產熱、增加能量消耗，且能燃燒葡萄糖及血液中的游離脂肪酸，進而代謝血糖與脂肪，所以有幫助減重的效果。在低溫下運動可促進棕色脂肪的轉化和生成，並能燃燒產熱，達到降低體重及體脂的效果。

寒冬時節交感神經比較活躍，可刺激細胞分解脂肪轉化成熱量

　　冬天時氣溫低，為了維持生理的恆溫機制，人體的交感神經會

比較活躍，棕色脂肪組織的活性由交感神經控制，交感神經末梢伸入棕色脂肪組織內，天冷時會分泌去甲基腎上腺素，刺激細胞分解脂肪轉化成熱量來禦寒。

想要在冬天加速分泌去甲基腎上腺素，可適度攝取一些含兒茶素、咖啡因（又叫作咖啡鹼）的飲品，像是含兒茶素的綠茶，或是含咖啡因的咖啡、可樂、提神飲料、碳酸飲料、巧克力等，藉由這些食物的刺激使交感神經興奮，就能幫助加快人體燃燒脂肪的速度，也可間接提升棕色脂肪的活化能力。

心血管或腦血管疾病患者不適合利用低溫減重

想要嘗試低溫減重，要特別注意自己是否有潛在心血管或腦血管疾病，因為在低溫環境中血管容易收縮而造成血壓上升，有上述疾病的患者如果必須在低溫環境中運動，一定要先暖身，而且要循序漸進，不要一下就暴露在極低溫的環境中，這樣有可能會造成失溫休克，也容易發生猝死。

很多人在冬天容易長胖，要避免在這時養肉，就要注意熱量的控制，加上適當的運動，寒冬一樣可以是減重瘦身的好季節。水中運動就很適合，特別是在低溫下游泳消耗熱量的效果更好，根據實驗，在陸上走100公尺大約能消耗35大卡熱量，但在水中走100公尺卻能消耗65大卡熱量，其原因在於水中的阻力是陸上的12倍之多。

在低溫環境中運動要避免運動傷害，一定要先做暖身，也可多攝取一些產熱食物，一來可禦寒，二來可提升新陳代謝率，對於減少脂肪囤積有正面效益。

脫水減重法只是假象！

　　有媒體報導某人想讓六塊肌迅速呈現，用每天喝水不到300cc的脫水方法意圖達到減重目的，這以醫學眼光來看是既危險又達不到減重效果的錯誤方法。

　　脫水真的可以減重嗎？由於水份佔人體的60％～70％，只要體內水份稍有變動，就會對體重造成影響。許多減肥茶或減肥藥違法添加利尿劑，就是因為它可以讓身體排出大量水份，使體重快速減輕。以體重60公斤的人為例，只要減少2%的水就可減輕1.2公斤體重。但因為這不是減去脂肪，只是減少人體的水分，所以即使體重減輕了，外型看起來並沒有太大變化，且只要停止吃利尿劑，體重就會快速回升。

　　正常人一天所需的水分大約是2500～3000cc，如果水分攝取不足，許多身體重要的生理功能，如排毒、攜帶電解質等便會停滯，嚴重時可能會引起酸中毒及體溫上升等生理危機。

　　正常人每天基本所需的水分大約是每1

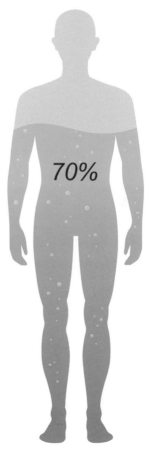

70%

公斤體重30cc，若再加上流汗及不自覺的體表蒸發，在基本需要量外還要再加大約500cc水分。在減重過程中，建議日常應多增加一些水分攝取，一般是體重（公斤）X40（cc）為正常需要量，但如果是大熱天或進行較激烈的運動，水分的攝取要多加3%～5%。水分在健身運動中除了可補充電解質的流失，也有潤滑關節、促進代謝率、調節體溫及排除代謝老廢物質等功能。

有些人異想天開以為嚴格限制水分攝取就能達到減重健身的目的，其實這樣做不但達不到效果，反而會有一些嚴重的生理副作用，包括：抽筋、缺血性休克、血氧下降、腎功能衰竭及惡性體溫上升等。

想擁有完美的六塊肌，建議可做一些重力訓練，如舉重、伏地挺身、擴胸運動等，飲食方面則建議多攝取一些高蛋白質食物，這樣才是幫助增肌減脂的正確方法。

CH4

肥胖與性慾

肥胖讓你不性福

　　美國紐約州立大學水牛城分校一項「男性體重增加是否對性能力有所影響」的研究，得到以下結論：

　　1.體重過重會使男性體力下降，影響伴侶的性愛滿意度。

　　2.肥胖會影響睪丸正常分泌睪固酮，降低男性性慾。

　　3.肥胖會促使陰莖血流異常，造成勃起功能障礙。

　　肥胖與性功能障礙的關係密不可分，以上的研究結果相信是很多人的親身經歷，其原因在於肥胖很容易引起三高，造成代謝性疾病而影響到血管功能。正常狀況下，血管內皮細胞會製造一氧化氮（NO），這會讓血管擴張、陰莖充血勃起，一旦罹患代謝性疾病，

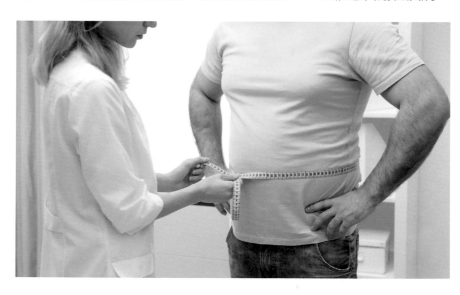

會造成血管內皮細胞受傷與血管發炎指數升高，導致一氧化氮分泌減少、血管硬化，進而造成勃起功能障礙。即使沒有勃起問題，要完成射精也需要靠交感神經刺激才能正常運作，但代謝性疾病很容易造成神經損傷而無法正常射精。

　　男性肥胖也被證實容易出現睪固酮與腦下垂體等內分泌異常現象，對觸覺、視覺等感覺器官上的性刺激反應較遲鈍，使性愛滿意度下降。另外，藥物副作用也會造成性功能障礙，例如高血壓患者服用的B型阻斷劑會降低交感神經的刺激，約有10%～15%的比例會出現射精異常。患者若原本就有心臟方面的問題，因擔心副作用而自行停藥，若影響血壓及心律控制，就有可能在性行為時引發心臟病發作的危險。

　　肥胖者體內激素分泌也會受影響。男性肥胖者血漿睪固酮濃度較正常人低，國外一項研究檢測了22名肥胖男性的血漿游離睪固酮和結合睪固酮濃度，發現超過理想體重的男性，平均血漿睪固酮濃度明顯低於體重正常的男性，且超過理想體重愈多者，其血漿睪固酮平均值愈低，平均游離睪固酮指數也呈現下降，這表示，愈胖的人體內雄激素濃度愈低，且肥胖者由於體內脂肪囤積過多，使雄激素較多地轉化為雌激素，而血中雌激素濃度較高會抑制垂體促性腺激素分泌，使睪固酮分泌減少，進而導致男性性慾減退或陽痿等性功能障礙情況發生。

減重幫更年期過後肥胖患者找回性福

　　50歲過後的中年男性若有性功能障礙，還必須考慮是否為男性

更年期問題。有一名中年肥胖男性因性慾降低到診所求診，泌尿科醫師開給患者睪固酮凝膠及威而鋼，服用初期雖有效果，但效果卻隨著時間遞減，最後醫師決定把病人轉介到減重門診。

　　患者求診時BMI為37（顯示為「過重」），又有慢性病，單靠飲食減重效果不佳，治療時以合法減肥藥加上血糖藥，並要求病人寫飲食日記，以便了解三餐的食物組合型態，半年後，患者BMI降至32，體力變好，做愛時間變長，最後停掉睪固酮凝膠，威而鋼劑量也減少了一半。

　　國外曾經把110名有性功能障礙又有肥胖及脂肪肝的患者進行分組實驗，一組積極改變生活習慣，一組維持原本的生活習慣，結果發現，飲食積極控制組的BMI從平均36降為31，身體發炎指數也有下降，其中三分之一的人性功能障礙也同時獲得改善，包括勃起硬度、射精狀況及整體滿意度。

　　實際上，肥胖者只要減少體重5%～10%，生理代謝就會開始改變。尤其很多體態微胖的人健檢時都顯示有輕度脂肪肝，但這些人多認為自己沒有很胖，不需要減重。要知道，肥胖的傷害絕不是一天造成的，要隨時關心自己的體重，有過重的情形就要注意，例如抑制食慾，學習飲食技巧，養成良好的生活習慣，維持運動等，才能避免陷入肥胖的惡性循環。

荷爾蒙不足導致肥胖、老化、性慾降低……

　　一樣50歲，為什麼有人顯得年輕，有些人卻特別蒼老？像是膚

質變差、發胖、出現白髮、掉髮、體力與肌力減弱,甚至是性功能及性慾降低!除了日常保養,衰老其實與荷爾蒙分泌不足、失衡息息相關,想要有年輕的樣貌,防止抗衰老的荷爾蒙減少,就能避免老化提早來報到。

　　人體的內分泌系統、神經系統和免疫系統是掌管生理功能的三大系統,由內分泌腺分泌的化學物質就是激素,也稱荷爾蒙,它是一種化學傳導物質,自腺體分泌出來後藉由體液或血液傳送至身體各部位,用來調節相關的生理功能。

與老化有關的五種荷爾蒙

　　以下五種荷爾蒙如果分泌不足或失衡人就會衰老,分別是:

　　1.生長激素:由腦下垂體分泌,是促進發育的荷爾蒙。夜晚的深度睡眠期是生長激素的分泌高峰,所以一夜好眠對健康很重要。俗語說「一眠大一寸」是有科學根據的,晚上不睡覺的小孩生長激素分泌不足,容易發育不良;所謂「美容覺」的時間也是在晚上11

點到凌晨4點間,若經常熬夜,身體缺乏生長激素,外表便容易顯老,尤其是過了25歲,膚質與骨質變差、白髮、掉髮、體力與肌力減弱、性功能及性慾降低等老化現象都會提早來報到。

2.褪黑激素:由松果體分泌,它的功能是讓人在夜間入睡,才能讓身體在睡眠中接受生長激素的作用。

3.甲狀腺素:由甲狀腺分泌,主管新陳代謝、調節身體功能,甲狀腺機能亢進或低下都會嚴重影響生理狀態。常見的甲狀腺機能亢進徵兆包括:凸眼、食慾大增卻體重減輕、心跳及呼吸加速、失眠、多汗、倦怠等;甲狀腺機能低下則會使腦力及生理功能變差,認知不清、精神不濟、手腳冰冷、嗜睡、水腫、皮膚粗糙、發胖、抵抗力變弱等。

4.脫氫異雄固酮(DHEA,又稱抗壓荷爾蒙):由腎上腺分泌,也被視為抗老(回春)荷爾蒙,它可以促進身體的新陳代謝與組織再生。壓力是老化的加速器,長期承受過多壓力會使壓力荷爾蒙失衡(腎上腺皮質醇過多,抗壓荷爾蒙過少),引發老化疾病提早報到,如:高血壓、心臟病、糖尿病、肥胖、腦力受損、免疫力低下、性慾衰退等。

5.性荷爾蒙(雌激素、黃體素和睪固酮):分別由女性的卵巢與男性的睪丸分泌,性荷爾蒙分泌減少會讓生殖器官萎縮,使性慾及性能力降低,還會引發骨質流失、肌膚和黏膜乾燥、掉髮、肥胖、憂鬱、健忘等一系列老化現象,熱潮紅、心悸、盜汗等更年期症狀也會在這時出現。

適當調節上述抗衰老荷爾蒙,有助內分泌回復最佳狀態,也能使細胞老化速度減緩,一來比較不會老,二來比較不會出現重大疾病,人變得更有精神、更有活力,腦力和情緒都變好,自我認知與自信當然也就跟著提升。

防止抗衰老荷爾蒙減少的妙方

平時維持好的生活型態，有助穩定抗衰老荷爾蒙的分泌：

1.不要熬夜，因為晚上不睡覺就算白天睡再多也不會分泌生長激素。

2.注意減壓，壓力會耗掉抗壓荷爾蒙。

3.飲食要均衡、健康、多變化，才能攝取到均衡的營養素。

4.適度運動，太激烈的運動反而會產生過多的自由基，進而破壞細胞。

5.尋求專業醫師協助，依個人狀況量身訂製專屬的荷爾蒙療程。

肥胖族群發生性功能障礙的比例明顯高於正常人

國外一項調查顯示，男人每增胖5公斤陰莖就會縮短0.78公分。這個調查結果應該讓不少「大肚男」嚇一大跳，不過，還好肥胖並不是真的使陰莖變短，而是「能用」的部分變短了。當身體愈形肥胖，腹部和大腿的脂肪堆積就會愈厚，陰莖就會被遮蓋起來，造成變短的假象；而對於從小就胖的男性來說，由於長期睪固酮分泌不足，也會使陰莖發育不完全，顯得又小又短。

肥胖與性功能障礙的關係還有以下幾點：

1.肥胖男性睪固酮濃度普遍較低，再加上陰莖短小，無法完全插入，影響性表現。

2.肥胖會增加慢性疾病發生的風險，如高血壓、高血脂、糖尿病等，使得血液循環受阻，陰莖勃起就會受到影響，導致勃起功能障礙。

3.性生活需要消耗大量體力，肥胖者因為體型較不靈活，無法完成高難度的性交動作，很難獲得滿足感。

BMI>25，勃起功能障礙風險加大

研究發現，男性BMI＞25的人約八成有勃起功能障礙，而BMI在25～30，勃起功能障礙的風險增加1.5倍，BMI在30以上，勃起功能障礙的風險更高達3倍。對男性來說，肥胖影響的不光是外貌，還會增加罹病風險，只有積極恢復健康體重，才能增強性慾，幫助提高性生活品質。

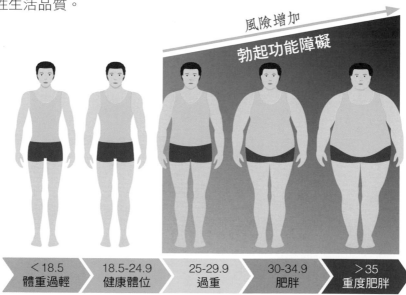

風險增加

勃起功能障礙

| ＜18.5 體重過輕 | 18.5-24.9 健康體位 | 25-29.9 過重 | 30-34.9 肥胖 | ＞35 重度肥胖 |

1.飲食：限制脂肪、碳水化合物的攝入，保證食物的多樣性，攝取充足的蛋白質、礦物質、維生素等人體必需營養物質；還要適當控制食量，少量多餐，飲食清淡，避免高油、高鹽、高糖。

2.運動：每天堅持做1～2次中等強度運動，每次運動時間至少持續1個小時。運動方式可視個人情況而定，散步、快走、慢跑、游泳、爬山等中低強度運動都很好，但宜量力而為，循序漸進。

3.心態調整：要重視體重，但不要被體重綁架，以免引起焦慮、憂鬱等不良心理情緒。把減重當成一件快樂的事情去做，不要急於求成，企圖短時間內就能減重，只會增加自己的心理負擔及挫折感。

4.和伴侶加強感情溝通：如果性生活因為肥胖而受影響，可以通過和伴侶調整互動方式來改善性生活品質，同時要和伴侶加強感情溝通，互相體諒，才能有助性生活和諧。

性慾下降都是男人的錯？

　　肥胖的人或多或少都有各種各樣的健康問題，例如比較容易罹患糖尿病、高血壓、心腦血管等疾病，在醫學上，這些疾病本身就有可能影響性功能或導致性慾減低，另有一些治療高血壓的藥物也會引起性功能下降；再者，肥胖的人往往不喜歡運動，導致體能下降，這也會使性慾減退。

　　肥胖的男性自信較低，心臟負荷也大，不只可能有心肌肥厚、心臟衰竭，陰莖海綿體也會因充血不足而導致勃起硬度不佳；另外，太胖的男性陰莖海綿體絕大部分藏在脂肪層，外觀看起來相對短小。

　　不只肥胖的男性有性功能下降的困擾，女性也同樣如此。而女性肥胖導致性慾降低的主要原因是體內的雄激素濃度較低，另外，太過肥胖也會影響女性卵巢功能，例如引起卵泡發育不良、排卵障礙等，卵巢功能紊亂可能影響月經週期、生育能力，如此必然會導

致女性性慾降低。如果因肥胖而引起其他疾病也會影響性功能，使性慾減退，且女性太過肥胖性交時不容易觸及「G點」，較無法達到高潮；另外，治療這些生理症狀的藥物也會起反作用，破壞性功能，導致性冷淡。

過度肥胖還會造成動作不便，一些腹部、大腿等部位脂肪過多的人，在性交時肯定會有一定的困難，體重過重也會使性伴侶受到壓迫，還可能影響外觀，降低自信心及對性伴侶的吸引力。

女性肥胖者不只對異性的吸引力減少，還可能影響社群交往，造成心理壓力和自卑、憂鬱的情緒，繼而導致性慾降低和其他性功能障礙；過度肥胖的女性還可能因為動作不便，或是因腹部、大腿脂肪過於肥厚，導致無法順利性交，這些也都是女性肥胖影響性活動及性慾的因素。

減重後性愛滿意度大大提升！

男性

因肥胖出現的性功能障礙，運動是最佳解方。一般來說，只要每週堅持做有氧運動2～4次，每次持續30～45分鐘，減重後不僅能減少發生陽痿，還能使性慾增強，明顯改善性生活品質。

美國性醫學專家通過多年研究，對運動和不運動的兩組已婚男性進行對比，發現每週做2次健身、跑步或打網球運動的男性，所獲得的性生活愉悅感比不做任何運動的男性高。其中，80%經常運動的男性表示，自

從每週有2～3次運動後，性生活的自信心大增，性行為變得更加積極。這主要是因為運動可以增強腹部、臀部的肌肉彈性，不只提高自信心，做愛時也更容易使性伴侶達到高潮。

女性

一項研究顯示，肥胖女性減重後在性交時可嘗試更多的體位變化，體驗更多性愛樂趣，對提升性愛滿意度很有幫助。

巴西在2015～2016年針對病態肥胖女性進行減重前後的性生活調查，這份研究找了62名病態性肥胖女性做樣本，調查項目包括性慾、性刺激、潤滑度、滿足感、高潮及疼痛感，結果個案減重6個月後不只性滿意度大幅提升，也更願意嘗試不同體位變化，性愛歡愉程度大幅獲得改善。

也有不少女性在接受減重手術後不到一年就懷孕，這些病患表示，瘦下來之後性生活更滿意，且瘦身後讓身體的敏感度變強，由於肥胖的人脂肪會堆積在皮膚上層，讓人對撫摸、親吻等性刺激變得較不敏感，減重後，因為皮膚對身體接觸會變得更加敏感，性生活的前戲時間可以適當縮減，讓性愛高潮更有「效率」。

食慾與性慾

食慾與性慾相關的科學原理

　　人類的大腦擁有性別二態性，亦即男性與女性的腦構造存在一些根本差異，例如掌管性慾的區域就有所不同：

　　1.男性與女性的性二態核皆位於視前區，與性取向及產生性衝動（吸引與追求行為）有關。

　　2.雄、雌激素受體較高含量的所在位置在下視丘，又稱性慾中樞，男女活躍的區域不同。

男性：較高含量的雄激素受體在進食中樞附近
女性：較高含量的雌激素受體在飽食中樞附近

　　女性的雌激素濃度較男性高，且飽食中樞容易因受到鄰近雌激素受體刺激而活化，因此女性普遍擁有較容易達到的飽足感，也就是進食的慾望比較容易被抑制。

下視丘

僅有碗豆般大小，卻擁有控制身體多項功能的能力，例如調整生理時鐘（視交叉上核）、調節體溫（前核/視前核）、產生或抑制食慾。

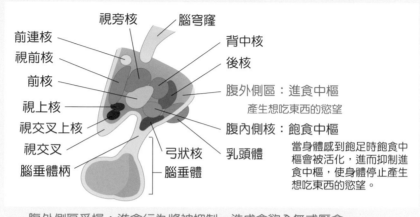

視旁核　　　　腦穹窿
前連核　　　　　　　　背中核
視前核　　　　　　　　後核
前核　　　　　　　　腹外側區：進食中樞
　　　　　　　　　　產生想吃東西的慾望
視上核　　　　　　　腹內側核：飽食中樞
視交叉上核
視交叉　　　　　　　乳頭體
　　　　　弓狀核　　當身體感到飽足時飽食中
腦垂體柄　　腦垂體　樞會被活化，進而抑制進
　　　　　　　　　　食中樞，使身體停止產生
　　　　　　　　　　想吃東西的慾望。

腹外側區受損：進食行為將被抑制，造成食慾全無或厭食。
腹內側核受損：失去飽足的感覺，導致食慾旺盛而過度飲食。

食慾與性慾的關係

女性的性慾與飽食感、停止進食的慾望呈正相關
女性的食慾被滿足，會使飽食中樞活躍→性慾上升

女性食慾被滿足
亦即食慾下降
且飽足感上升

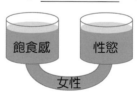

飽食感　　性慾

女性

女：好飽哦！

⬇

食慾下降
性慾上升

男性的性慾與飢餓感、進食的慾望呈正相關
男性的食慾被滿足，會使進食中樞不活躍→性慾下降

男性食慾未被滿足
飢餓感
與進食的慾望高漲

飢餓感　　性慾

男性

男：好餓哦！

⬇

食慾上升
性慾上升

為什麼人類的性慾脫離下視丘的控制？

　　人類的性慾受性荷爾蒙影響很大，男性在青春期前偶有性慾，但因為生理未成熟，所以不會有性衝動。青春期一開始，男性的性荷爾蒙開始分泌，性徵出現，性衝動也被引發出來。就其他動物而言，性衝動有固定時間，稱為交配期，過了這個時期，動物又必須忙著填飽肚子，無暇去想傳宗接代的事，而畜牧、耕作使人類早就脫離食物不足的困境，所以才會讓性慾的啟動脫離下視丘的控制，而這主要是經由學習而來。

　　數十萬年來，經由視覺、聽覺、嗅覺、觸覺，再加上性幻想的不斷刺激，人類大腦皮質的性慾中樞就這樣形成了，雖然這個性慾中樞多少也會受到性荷爾蒙的影響，但主要還是受主意識的控制，所以才有「性慾的種種均起源於大腦，可以說大腦就是人體最大的性器官」的說法。

食慾與性慾的科學實證

　　1.男性感到飢餓時食慾高漲，性慾也會跟著高漲，有研究認為這是以性慾代替食慾來分散飢餓的不適感。

　　2.女性在更年期後雌激素濃度下降，由於飽食中樞不活躍使得性慾下降、不易飽足而食慾上升，過多飲食使肥胖的風險增加。

　　3.女性在排卵前（濾泡期）雌激素濃度上升，飽食中樞活躍，容易飽食且性慾上升，進食中樞則受到抑制使得食慾不佳。

　　4.女性在排卵後雌激素濃度逐漸下降，較不容易產生飽足感，使得食慾上升、性慾下降。

　　5.女性暴食症（暴飲暴食）患者約為男性的9倍，研究認為這可

能是因為女性傾向透過「旺盛的食慾」來補償未能被排解的負面情緒或性慾。

「慾望」促使人努力、進步

人類具備的本能中，食慾、性慾或活動慾本能都受到「情感腦」（也就是大腦邊緣系統）控制，食慾與性慾是人類基本的慾望，2500多年前的中國哲學家就提出「食色性也」的理論，理解慾望是人類生存所需的低層次原始本能，但也同時受到喜好或心情好壞等情緒反應的強烈影響，屬於中層次的情感本能。

習慣和環境會極大地影響本能的作用，這與大腦邊緣系統有很密切的關連。大腦邊緣系統是由海馬體、扁桃體、扣帶迴等構成，海馬體可以儲存記憶，扁桃體與喜好和憤怒等情緒相關，扣帶迴則和心情好壞所引發的行為有關。其中，扁桃體負責產生原始情緒，例如喜好或心情好壞的支配等等，堪稱「情感中樞」；扣帶迴接收扁桃體發出的心情訊息，傳到大腦後轉為行動。換句話說，大腦邊緣系統雖然負責記憶等的高層次功能，但整體而言是由「情感腦」

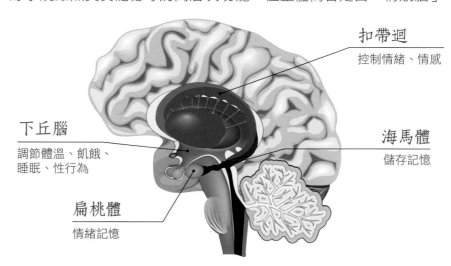

扣帶迴
控制情緒、情感

下丘腦
調節體溫、飢餓、
睡眠、性行為

海馬體
儲存記憶

扁桃體
情緒記憶

來掌管心情好壞等單純的情緒。

　　一樣是吃飽肚子，吃自己喜歡的食物會比較有滿足感，腦部獲得的快樂比較強；而人類的性慾在生殖本能所占的比重較低，現代人甚至可以在無關生殖的狀況下引發性慾，即使只靠著天馬行空的想像與思考（性幻想）就足以刺激情感，使性慾高漲，這主要是源自人類高度情感（習慣性）的本能作用。

　　從這點來看，人類的性本能是生殖本能進化後的「新型態本能」，這也可以說是人類獨享，其他動物沒有的本能。

「食慾」與「性慾」的關聯

　　似乎沒有其他慾望像性這麼不受理性控制，如果以大腦層次來分析人類的性慾會發現：腦部掌管性慾的部分是「間腦下視丘」，再分為「第一性慾中樞」與「第二性慾中樞」兩個器官。

　　「第一性慾中樞」負責對性愛產生渴望，「第二性慾中樞」則負責進行性行為。其中，男性第一性慾中樞的大小幾乎是女性的兩倍，因此有人認為「男性的性慾比女性強兩倍」，或許有人覺得有道理，但不管「兩倍」的概念有什麼意義，事實上，男性對性慾的需求與期待真的比女性強烈許多。

　　男性負責性行為的「第二性慾中樞」位於「進食中樞」（促進食慾的神經細胞）旁，女性則位於「飽食中樞」（抑制食慾的神經細胞）附近，這個差異很有意思，即是男性在肚子餓時會性慾高漲，女性則在填飽肚子、精神比較穩定時才會對性愛產生興趣。無論如何，食慾與性慾

有著密切關聯是顛撲不破的事實。

試想，失戀時有時會毫無食慾，甚至「食不下嚥」，或許也與以上論述有關。失戀讓性本能的情感變得遲鈍，連帶減弱一旁的食慾本能；反之，女性之所以經常以吃來發洩失戀的壓力，或許是以「食慾」代替「性慾」的結果。

（以上參考《身體本來就會的11個自癒運動，讓你年輕10歲》，永野正史，采實文化）

食慾與性慾的兩性差異

正常情況下，食慾好的人會有較強的性慾，因為食慾好才會有強健的體魄，充沛的精力。然而，在某些生理疾病的影響下，食慾和性慾有時會出現明顯的反差。例如某些糖尿病患者食慾很好，性慾卻不佳；一些肺結核病人的食慾很差，性慾反倒亢進。

男性較常以滿足性慾來釋放心理壓力

相較女性，男性的情況比較複雜，較難從食慾的情況了解他們的性慾變化。有時食慾很好，性慾可能一般；有時食慾很差，性慾反倒增強。比如當生活中遇到痛苦、工作中遭受挫折時會使他們情緒低下，不思飲食，但性慾卻絲毫不減，甚至一反常態，性交次數顯著增多。心理專家認為，許多男性企圖以釋放性慾的方式來掩蓋精神上的痛苦。

由於男性不善於用言行表達包括膽怯、憂慮、挫折、自覺孤獨和沮喪失望等脆弱的情緒，他們通常會選擇以性行為來宣洩這些情緒，企圖以做愛來掩蓋精神上的不足，尋求在床上找回自

信，從而轉移或分散對生活中不滿意情緒的注意力。也就是說，男性較傾向把性生活看成是獲得自信和顯示力量的一種方式。

女人的食慾與性慾成正比

至於女性性慾與食慾的關聯，根據美國心理治療研究發現，當女性的情緒遭受挫折或出現問題時，較容易出現厭食或暴食的情形，性生活也會隨之出現挫折。比如厭食症的女性特別容易出現性慾減退、性交疼痛、陰道痙攣及難以達到性高潮等問題；暴食症患

吃得愈多性慾愈強嗎？

美國一項關於心理治療的最新研究結果顯示：女性的性慾與她們的食慾有一定的關係。研究通過對近1千對夫妻的調查分析發現，有超過20%的女性在飲食方面如果出現不正常，性慾方面也會同時出現問題。女性想要有較好的性滿意，首先必須保持良好的情緒，以激發正常的食慾，進而才能維持健康的性生活。

者則因為害怕伴侶發現她們不正常的飲食習慣，而逃避與伴侶接觸，不願意和他們建立較親密的情感或性關係。這些患者由於對性生活的自我迴避，使得性慾得不到滿足，因此更加暴飲暴食或厭食，以致形成惡性循環。

食慾＝性慾？從「吃相」看男人的性傾向

心理學研究顯示，「食慾」與「性慾」兩者存在很深的關聯，日本網站《livedoor》分享四種男人的吃飯方式，並從中看出男人可能的性行為及性癖好。

1.細嚼慢嚥→重視感官享受

男人若是喜歡慢慢地品嚐食物，表示他很重視感官享受，這種男人床上技巧通常不錯，也很會關照對方的感受。

2.大口吃、非常豪邁→性慾旺盛

這種男人通常性慾旺盛、熱情，但也容易陷於自我滿足而忽略對方的感受，想要與他同享性愛高潮，需要適時與他溝通；如果伴侶剛好是個性慾強烈的女性，兩人的床事就會很合拍！

3.文雅、冷靜的吃法→性冷感或有特殊性癖好

這種男人可能是性冷感，或者外表看起來很紳士，事實上卻隱藏著不為人知的特殊性癖好，著名的小說/電影＜格雷的五十道陰影＞說的就是這種男人。

4.托著下巴吃飯、點菜時總猶豫不決→細心的床伴

這種男人最大的特點就是心思縝密，雖然個性龜毛，但這也代表他在性事上很細心，會顧慮對方的感受，透過觀察、溝通讓對方

得到快感，且很會營造氣氛；相對的，這類型的男人對性及生活細節非常講究，想要滿足他並不容易！

透視女性性慾

　　有些人性慾平淡，有些人性慾高張，但以後者在性愛中較容易獲得高潮。要判斷一個女人的性慾是否強烈，可從以下特徵來做觀察。

　　1.體態豐滿、線條優美：性慾強的女人往往擁有優美的體態，胸部豐滿有彈性，美好的腰部線條，且臀部渾圓緊實。

　　2.膚質佳：女性的臉部肌膚透著紅潤，無論是性慾還是健康狀況都比較好，表示她們的荷爾蒙分泌旺盛；若臉色蒼白或晦暗無光，不僅表示健康有問題，性慾也會比較低下。

　　3.臉頰有雀斑：根據面相學，女人臉上有輕微雀斑者性慾較強，尤其是鼻子兩側和眼睛下方，古代稱之為「面帶桃花」，惟此說法未經科學驗證，僅供參考。

　　4.眼神嫵媚：一般性慾較強的女人眼神嫵媚、眼光飄忽，忽然看著你的臉，很快又笑著將目光移開，通俗的說法就是「電眼、勾魂」，這樣的女人通常性慾較強。

5.聲音悅耳：女性的音調高、響亮悅耳，性慾通常也比較旺盛，這在生物學上應該是要吸引異性的注意。

6.穿著暴露：喜好穿著暴露的人性慾通常比較強！根據調查，喜歡穿超短褲、迷你裙、露背裝，甚至不喜歡穿胸罩的女性，性格上比較開放，性愛頻率及性愛對象的數量都高於一般人；反過來說，性慾強的人會無意識的喜歡暴露自己的身體，一般也比較願意在床事上下功夫！

7.容易激動：性慾旺盛的女人遇到開心、感動的情景容易激動、流淚，甚至哭泣，對性高潮的表現也比較外顯，例如叫床、肢體動作等。

8.喜歡甜食：日本營養師幕內秀夫在所著《大半夜貪吃巧克力的女人》一書中提到女性食慾和性慾的關係。由於控制食慾和性慾

的中樞在大腦中是相鄰的，且女性的相對距離比男性更近，導致慾求得不到滿足的女性很容易對甜食形成依賴！

9.性格開朗：性慾旺盛的女性通常性格比較開朗、外放，較喜好與異性交往，在性事上也較能放開手腳，願意嘗試更多能滿足性慾的事物。

10.酒精反應強：性慾強的女性在聞到酒精後呼吸會加深加快，耳朵、臉頰發熱，面色潮紅，眼結膜輕度充血，甚至坐立不安，而這與酒精的催慾作用可能有關。

另外，從生理角度來看，35～40歲是女性性慾最強的年齡段。女性在35歲以後身體裡雌激素分泌減少，雄激素分泌相對增多，在雄激素發揮作用的情況下可能使性慾趨於旺盛，俗話說「女人30如狼，40似虎」，這顯然是有科學根據的。

當然，一個女人性慾強不強不僅取決於生理狀況，還取決於心理、性經驗狀況，最關鍵的還在於她對這個男人的感情或感覺，但完美的性愛其實可以通過各種不同的變化來達到，當面對性慾低下的性伴侶，只要多花點心思，同樣可以有很好的性愛體驗。

中年肥胖、性慾減退，試試睪固酮

　　在男性荷爾蒙中，睪固酮是最重要的一種，它可以增進肌肉量與強度、改變體脂肪的比率與分布、維持骨密度等，是維持男人第二性徵不可缺少的性荷爾蒙。

　　30歲以後，男性體內的睪固酮濃度會以每10年10%的速度減少。睪固酮減少不只會讓人「性」趣缺缺，也代表著合成肌肉的效率下降了，且身體裡的雌激素會因為睪固酮降低而升高，讓脂肪變得容易堆積，中年人常見肥胖就是這樣來的！所以，不想中年發胖的話，就得讓體內的睪固酮濃度維持在穩定狀態。

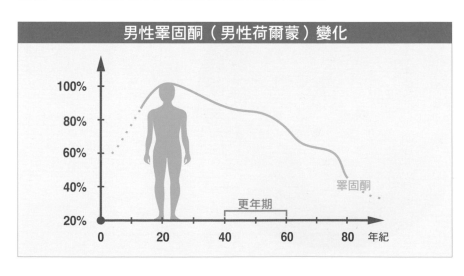

男性睪固酮（男性荷爾蒙）變化

睪固酮不足也會影響體內的新陳代謝，當新陳代謝變差，三高（高血糖、高血脂、高血壓）及肥胖病患的病情會比較難控制。治療這些疾病除原來該有的醫療措施外，患者若同時有睪固酮不足的問題，適當補充睪固酮有助於控制疾病，同時能降低罹患心血管疾病的風險、改善骨質密度，因此全球對於老年疾病的治療也開始注意患者血中睪固酮濃度不足的問題，且對於治癒疾患有很大的突破。

此外，頻尿、殘尿感等排尿問題與勃起功能障礙、憂鬱症等也都有緊密相關，臨床上，只要解決勃起功能障礙、憂鬱症、排尿問題當中的任何一項，其他兩個問題的症狀常會隨之獲得改善。

人體內睪固酮分泌不足，便無法充分製造一氧化氮（NO），血管便會失去柔軟彈性，血管細胞也會受到氧化壓力的傷害，而使血管內壁出現不平整，血液因此無法順暢流動，陰莖的血管也會因受到傷害而出現勃起障礙。

威而鋼、樂威壯、犀利士等治療勃起功能障礙的藥物，都可提升人體製造一氧化氮的功能，保護包括腦部、心臟動脈等全身血管，使血管不易發生硬化，且能降低自由基對人體的傷害，如果再加上睪固酮的作用效益會更好。事實上，許多人在使用睪固酮及威而鋼之後，整體外觀真的明顯變年輕了，可說是一舉兩得！

延伸閱讀

別說不行，試試睪固酮
——婦產科名醫解碼中年過後
男人的性危機

潘俊亨◎著

肥胖造成荷爾蒙分泌失衡，男大生出現「男性女乳」

　　曾有兩位在學的大學男生因有過大的胸部來找我看診，病人主述，因為胸部過大，要上游泳課時都要找理由請假，打籃球時同學都脫掉上衣上陣，自己卻為了掩飾「豐滿」的胸部而穿著厚厚的上衣，造成身體及心理上的困擾。

　　從外觀看，這可判斷是一種「男性女乳症」，經過幾週的飲食調控及體重控制後，原本豐滿的胸部漸漸有「縮水」的改變，患者的憂鬱情緒也得到很大的舒緩。

　　男性女乳症的成因主要和雌激素及雄激素（睪固酮）濃度失衡有關，由於體內雌激素濃度增加，刺激男性的乳房組織增生；另服用某些女性荷爾蒙藥物也會刺激乳房不正常發育，包括排卵藥、利尿劑、化學治療藥及胃十二指腸治療藥等。

　　男性激素分泌失衡臨床所見除了乳房不正常增生外，有些還有隱睪症等生殖器官方面的異常症狀。治療這類疾病首先要做一些和荷爾蒙有關的血液檢查，根據統計，有相當高比例的這類病例同時有體脂率過高的相關問題，除非有相當大範圍的乳房硬塊或異常大乳暈需借助外科手術解決，一般可從體重控制及調整飲食上著手，一段時間後就能看出成效。不過要提醒你，有這類問題要尋求專業的醫療協助，找出病因再對症下藥，才能確保不會對健康造成危害。

常做愛，
幫助保持好身材

　　做愛如同運動有燃燒卡路里的效果，且愈常做、每次持續時間愈久，熱量燃燒就愈多，但想要藉由做愛保持誘人的好身材，你必須像熱愛運動那樣，達到一定的「時間」和「強度」，才有消耗脂肪的效果，但與單調運動不同的是，做愛還能獲得愉悅及幸福感，所以，做愛豈不是一舉兩得的事！

　　以下說明做愛的減重效果：

　　1.接吻：研究指出，接吻每分鐘平均消耗5～26卡路里，至於為什麼有如此差別？如果只是輕輕一吻，最多只能燃燒2～3卡路里，吻得愈火熱，由於動用到的臉部和身體肌肉愈多，消耗的熱量自然就比較多。

2.前戲：依據統計，前戲最多每小時能燃燒100卡路里。不過，多數人不太可能持續那麼久，專家建議，進行前戲時可花些時間讓對方焦躁，再慢慢製造高峰和低谷，因為僅僅是延長親吻、呼吸和愛撫的時間，就能增加身體的熱量消耗。

另外，燃燒多少熱量也與姿勢有關。如果想要在前戲過程中順便訓練核心肌群，可跨坐在對方身上，腹肌用力，上身向前傾，為對方做口交服務。

3.做愛：根據一個小型測驗，讓25對年輕健康的情侶做愛25分鐘（包含前戲），女性平均一次能燃燒69卡路里，另外，同樣在受試者跑30分鐘跑步機後測量他們的卡路里消耗量，女性平均燃燒213卡路里。儘管做愛的熱量消耗不若跑步機，但可以肯定的是，做愛的過程絕對比一個人在跑步機上訓練有趣多了。

如果要增加熱量消耗，試著讓自己處在上位

做愛時在上位意味著要出比較多的力氣，相對的身體也會燃燒更多熱量，不斷變換姿勢也能讓做愛更有運動效果，以下推薦五種愈愛身材愈好的性愛姿勢。

1.傳教士式：如果你在上位，就能用手臂支撐自己順便訓練一下體能，即使是在下位，也可以藉由抓住腳踝往頭部靠近來訓練核心肌群。

2.趴式：在上位的人可以連續幾分鐘向前推進，接著換下位的人向後推，建議伴侶採「間歇訓練」，也就是兩人輪流掌控；也可試著將趴式變成瑜珈動作的「下犬式」，這樣能讓心跳急速上升，可消耗更多熱量。

3.桌面式：如果你是四肢朝下在上位，可試著給自己增加一些挑戰和熱量消耗，例如在臀部上下擺動時往前靠近伴侶，在他/她耳

邊說一些甜言蜜語，更能增加性愛的熱度，幫助消耗熱量。

4.搖搖馬式：坐在對方身上，前後搖晃，就像在玩運動器材搖搖馬一樣，可以說這個姿勢根本就是在健身，非常有瘦身效果。

5.貓咪式：四肢彎曲朝下，看著對方的臉，或者反向看著對方的腿，手掌放在他們肩膀或腿旁邊，身體彎曲像貓咪一樣，臀部向後翹起成半圓形，這個姿勢也能消耗不少熱量。

自慰也能消耗熱量？

自慰達到性高潮時會分泌腦內啡和讓人感到愉快的催產素，這就跟在健身房做完最後一輪訓練時是一樣的，所以當然能有消耗熱量的效果。不過，與伴侶一同進行的性愛會比自慰消耗更多熱量，因為後者通常涵蓋了比較多的肢體碰撞、動作變化，時間也會持續比較久。

CH5

想減重，你應該這樣做！

輕度到中度肥胖
先調整生活型態

　　有女明星分享維持好身材的祕訣是每天睡覺前做仰臥起坐，及抬小腿瘦小腹、防水腫等健身方式，長期做仰臥起坐訓練腹肌對小腹緊實確實有一定的效果，但如果日常飲食沒控制好熱量，多餘的脂肪還是會在腹部囤積。

　　減重的原理很簡單，只要吃進的熱量少於運動消耗加上基礎代謝所需的熱量就能成功，減重不只為了保持好身材，更可達到控制或改善如高血壓、糖尿病、睡眠呼吸中止、心血管或代謝症候群等

慢性疾病的症狀。20～65歲輕度到中度肥胖者（BMI為27～35），減重首要是調整飲食及生活習慣，若自覺意志不足，可搭配套裝減重計畫或藥物輔助治療，但無論採取哪種方式，都需要養成運動的習慣。

飲食控制和增加身體活動量是減重的兩大關鍵，透過自我管理，生活中落實飲食控制及維持身體活動，並持之以恆，這樣1年約可減重3%～5%。

生活型態調整可參考以下原則：

1.健康吃：每天減少攝取300～500大卡熱量，每週就可減重約0.5公斤，但要注意，即使為控制體重，每日熱量攝取仍不可低於1200大卡。

三多：多喝白開水、多吃蔬果、多吃全穀雜糧

三少：少油、少鹽、少糖

2.快樂動：增加體能活動，每天多消耗200大卡熱量。每次10分鐘、每週累積150分鐘的中等強度活動，這樣僅能維持體位及基本體能，如果要有減重或提升體能的效果，每週須有300分鐘以上中等強度的身體活動，若能加入高強度有氧運動或高/低強度間歇運動，更容易達到理想減重及促進健康的效果。此外，每週可再加2天的大肌肉群（腹部、背部與大腿）肌力運動，這樣不但可增加肌肉量，更可增加胰島素敏感度，降低罹患代謝症候群疾病的風險。

3.天天量體重：這樣可隨時提醒自己維持健康體重，若有減重效果也更能激勵自己持之以恆地執行減重計畫。

正確走路，幫助改善蘿蔔腿

　　愛美的女性常為蘿蔔腿煩惱，小腿肌肉主要是由內側腓腸肌、外側腓腸肌和比目魚肌所構成，脂肪一般來說不會很多，所以要解決蘿蔔腿要從這三塊肌肉著手。

　　有很多人模仿女明星坐著將腿抬高、將腳板做往下壓的方法，說這樣可以瘦小腿，其實這個動作不一定有瘦小腿的效果，畢竟造成小腿腓腸肌肥大的因素很多，例如：基因遺傳、後天姿勢不良，甚至是高跟鞋穿太久等，都是使腓腸肌肥大的常見原因。想要改善蘿蔔腿，走路姿勢要正確，走路時後腳跟要先著地，且走路的腳型盡量排除內八或外八字，當然也可以做抬腿拉筋的伸展動作，以增長肌纖維長度，或適當地做局部按摩，這些方法都有助擺脫小腿肥大的困擾。

找出肥胖真正成因，
避免減肥成癮

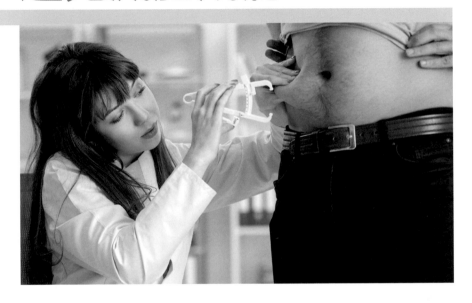

　　許多人在減肥過程中常面臨「停滯」的困擾，一段時間後甚至還會「復胖」，於是不辭辛勞馬上又換另一種減肥方法，終年在各種減重方法中輪迴，但就是無法成功減重，你也有這樣的困擾嗎？要注意，有可能是「減肥成癮症候群」。

　　依據近年減重門診初診病人問診記錄的統計發現，約六成的人曾經嘗試過三種以上的減重方式，其中三成的人曾嘗試過五種以上的減重方式。這些人每啟動一種新的減重模式不久，就因為看不到明顯成效趕快又換另一種減肥方法，但一再碰到同樣的關卡，只要停幾天沒「減肥」，馬上就復胖，這類病患的減重模式就是典型的「減肥成癮症候群」。

減重要有成效並避免成癮，可參考以下的建議：

1.找出肥胖真正成因：肥胖有許多種類型，了解每種類型的成因，並確認你是屬於哪一類，才能幫你找到恢復健康體重的最佳方法；若是新陳代謝率下降引起的肥胖，就要針對如何提升新陳代謝率方向著手，才能有效控制體重。

2.找到適合自己的減重方法：使用不恰當的方式減重，如非法減肥藥或過度節食，不僅不健康，一旦停藥或停下該種飲食方式，反彈的力道將會讓體重大幅增加。時下流行的「減肥針」（也稱「減重筆」）就很適合無法克制食慾又不愛運動的肥胖族群，其作用機轉是藉著「升糖素類似胜肽」（GLP-1 agonist）作用，延長胃排空時間，並能降低飢餓中樞作用，達到抑制食慾、減少熱量攝取的減重目的。

3.先治病，再減重：荷爾蒙引起的肥胖症，必須先治療荷爾蒙失調的病症，才能有效處理肥胖問題，如多發性卵巢囊腫；腦下垂體瘤引起的暴食症，臨床上是治療肥胖較為棘手的病變，常會併發視野的缺損，必須進一步做腦神經系列檢查，才能找出肥胖的成因。

4.勿聽信錯誤的減肥方法：錯誤的減重方法常會引起生理性胰島素抗耐性症候群，許多減重成癮的病人都是採取極低熱量的飲食方法，如常見的生酮飲食即是，由於攝取的碳水化合物量較一般飲食低，這可暫時讓胰島素濃度下降，使體內脂質酶被活化，讓脂肪分解及酮體增加供給肌肉組織，作為生理運作的基本需求能量，但此法易出現生理性胰島素阻抗反應，讓熱量不再被消耗而使減重出現停滯。所以不要盲目嘗試不明原理的減重方式，以防止發生生理抗耐性而影響身體健康。

肥胖屬於醫療問題，也是生活習慣問題，減重要成功，秘訣在於找對方法且容易執行，再加上適當的運動及飲食熱量控制，持之以恆，就一定能見到成效。

少喝含糖飲料，
拒絕甜蜜殺手

　　一項由瑞士蘇黎世大學所做的研究，由94名受試者進行為期7週、每天3次、每次需飲用200毫升不同種類糖分（果糖、蔗糖、葡萄糖）的飲料，結果顯示，含糖飲料中的果糖和蔗糖會導致人體「肝臟合成脂肪」能力明顯上升，葡萄糖則不會有類似的作用；其次，果糖、蔗糖兩組受試者的「肝臟脂肪合成速率」都比不喝飲料的對照組多出1倍！**研究結果證實，長期喝含果糖、蔗糖的飲料會影響代謝健康，更是導致肥胖的關鍵。**

　　含糖飲料是肥胖及健康的元兇，且果糖又比其他糖類危險，它可加速肝臟脂肪合成，讓更多脂肪堆積在肝臟，還會降低胰島素敏感性，對全身代謝都有負面影響。

無論是手搖杯或罐裝飲料，現代食品工業所用的「甜味劑」成分多是高果糖玉米糖漿，它的代謝產物對人體有害，會導致尿酸過高，引發痛風；且肝臟無法消化其代謝物，累積過多會變成脂肪肝；高果糖玉米糖漿還會導致食慾旺盛，使熱量攝取過多，增加肥胖的機會。

綜合以上三大負面效應，喜歡喝、天天喝含糖飲料的結果就是使糖尿病、高血脂、高尿酸等慢性病上身，不可逆的腦中風、心臟病等也可能悄悄地接近你。

通常，手搖飲料店的大杯全糖飲料（700毫升）含有近15顆方糖；早餐店一杯350毫升的飲料則含有約5～6顆方糖。若以每天攝取熱量2000大卡、一天不得吃超過10顆方糖為標準，點一杯半糖的大杯手搖茶（約含6顆方糖），一天的精製糖攝取量就可能超標，但這裡計算的只是「茶飲」部分，還沒加上「加料」的熱量及糖分。

一般常見的茶飲配料如珍珠、布丁、椰果、養樂多等，熱量和糖分都很高，大杯的無糖珍珠奶茶，儘管各家飲料店的用料與分量不盡相同，但平均下來還是有約350大卡的熱量。如果你點的是大杯全糖珍茶，等於吃了約60公克的糖與4茶匙的沙拉油，這是因為奶茶含有奶精，而奶精屬於油脂類，這樣一杯飲料熱量至少是420大卡，再加入珍珠等配料，熱量更可能有530～630大卡。外食族的午餐如果是便當搭配大杯全糖珍奶組合，熱量直接飆破1000大卡，天天這樣吃加上又少運動，結果就是養出一身肥肉。

但現代人喝飲料除了滿足口腹之慾，彷彿還是一種時尚，如果暫時戒不掉，建議改點中杯無糖珍珠鮮奶茶（珍珠＋低脂鮮奶＋無糖綠茶或紅茶等），熱量大約只有170大卡，不僅可藉由新鮮牛奶（而非奶精）補充鈣質，還可減少油脂的攝取，減少負擔，讓身體也跟進「輕」時尚。

市售700ml手搖茶飲熱量與方糖含量

甜度	含糖量（公克）	熱量（大卡）	相當的方糖數
全糖	58	232	14.5
少糖	49	196	9.8
半糖	29	116	5.8
微糖	15	60	3
無糖	—	—	—

　　市售「珍珠」大多使用地瓜粉製成，屬於澱粉類，烹煮時還會加入大量糖漿，平均1顆熱量約有5大卡，以1杯全糖珍奶為例，珍珠即佔總熱量710大卡中的220大卡，約是31%。

常見手搖杯飲料/配料熱量表

名稱	熱量（大卡）/700ml	名稱	熱量（大卡）/700ml
無糖茶	0	半糖奶茶	390
微糖茶	60	少糖鮮奶	285
半糖茶	100	全糖鮮奶	345
少糖茶	140	少糖奶茶	430
全糖茶	210	全糖奶茶	490
無糖奶茶	290	冰淇淋	100
微糖奶茶	350	布丁	112
半糖鮮奶	245	珍珠奶茶	220

深呼吸就能減重──
3長2短有氧腹式呼吸法

　　你知道嗎，深呼吸就能幫助減重！深呼吸之所以有如此神奇的效果，在於它能抑制過度亢奮的交感神經，暫時遠離高壓、緊張的狀態，讓心靈沉靜、身體平衡，身體就會產生好的荷爾蒙，例如能產生愉悅感的腦內啡（endorphin），自然能幫助減重。

　　很多人呼吸都太過急促，吸入的空氣都還沒深入肺部就吐氣了，導致空氣裡的有益養分根本沒進到身體裡；上班族整天坐在辦公室，長時間固定的姿勢，呼吸較淺短急促，換氣量非常小，所以在正常的呼吸頻率下吸氣通常不足，體內累積過多的二氧化碳，加上長時間用腦，身體的耗氧量非常大，就會造成腦部缺氧，而出現昏沉、嗜睡的情形。

　　做腹式呼吸可使血液循環及含氧量增加，加速燃燒體脂肪，做深呼吸時因為橫膈膜與腹部肌肉的擠壓運動，可促進腸胃蠕動、幫助排出體內有害物質。練習腹式呼吸不僅有激活內臟、穩定血壓等好處，

若能適度結合筋膜伸展動作，更能有輔助減脂、雕塑身材的功效。

　　這個減肥法最適合沒有運動習慣的族群，因為簡單又沒有時間地點的限制，每個人都很容易上手，上班族可利用中午及辦公休息空檔，每天練習約20分鐘，最好練習到流汗為止，除可提升血氧含量，更可藉由腹部肌肉運動原理幫助消除內臟脂肪，改善代謝症候群。

3長2短長吸短呼法

步驟1：
深呼吸3秒鐘，
再吐氣2秒鐘。

步驟2：
每次2分鐘，
每小時進行3次。

3長2短腹部呼吸操

步驟1：雙手手掌置於腹部。

步驟2：兩手食指尖置於肚臍上方約3指距離處（即中脘穴）。

步驟3：兩手中指尖置於肚臍下方約4指距離處（即關元穴）。

步驟4：兩手拇指各置於肚臍兩側約2指距離處（即天樞穴）。

步驟5：拇指、食指、中指同時用力連續按壓3下。

步驟6：休息2秒鐘後，再重覆步驟5的動作。

步驟7：每小時進行3次，每次2分鐘。

中脘穴
天樞穴
關元穴

吃大餐後
做腹部深呼吸助消脂

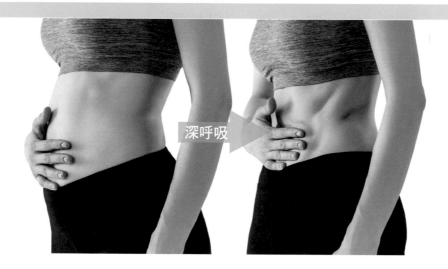

深呼吸

　　2014年美國國家衛生院（NIH）一項研究發現，一些已開發國家的人口肥胖率不斷上升，據推測，這與穀物等主食消耗量呈現下降，而肉類、魚類、糖類及植物脂肪等各種食材的食用增加有關連性，且這些食物以脂肪、蛋白質、甜食等高熱量食物居多，營養價值其實不高，卻易導致脂肪堆積而使人發胖。

　　人體消化道所分泌的各種酵素，其作用機制是愈單純愈容易分解，如果一次吃進好幾種不同的蛋白質或脂類食物，這些酵素的辨識及分解能力就會下降。好比過年時一桌年菜有許多不同成分的高脂食物，一頓豪華餐吃下來，所有食物很難在短時間內全部被分解吸收，而無法被分解吸收的多餘熱量就會囤積在體內形成肥肉組織，不但無法發揮營養效果，還會對身體造成負擔。

過年大吃大喝要避免「養（肥）肉」，建議可在吃過大餐後做一些簡單的腹部瘦身運動，例如將雙手高舉打直，踮起兩腳腳尖，小腹微縮挺直站立3分鐘，同時做腹部深呼吸，每餐飯後各做一次，能幫助消耗過多的熱量喔！

掌握食材替代方法，避免年菜地雷

　　年菜琳瑯滿目，尤其食材豐富、香味四溢的佛跳牆堪稱首選！製作佛跳牆所需的食材有數十種，許多又都是日常飲食較少見的珍饈，烹煮後散發出來的香氣直令人食指大動，但想吃又怕肥肉上身，舉箸之間真是千萬難！

　　製作傳統佛跳牆的食材包括：老母雞、海參、鮑魚、魚翅、干貝、排骨酥、豬肚、豬蹄、豬腳筋、芋頭、鵪鶉蛋等，幾乎都是高油脂、高蛋白的食物，一盅2500公克的佛跳牆熱量就有約2500大卡，非常驚人，遠遠超過一位成年女性每天所需的熱量（平均為1200～1800卡），主要因為許多食材在製作過程中需經過高溫油炸，所以無論是脂肪或膽固醇含量都很高。其實只要置換一些高熱量食材，並在製作過程中減少一些食材的油炸步驟，就能做出一盅好吃、營養、熱量低又美味的佛跳牆，讓圍爐吃佛跳牆不再有罪惡感。以下是製作要訣：

　　1.食材替代：佛跳牆中的食材熱量天王非炸排骨莫屬，建議將炸排骨更換成低脂的里肌肉，熱量至少可減少100大卡；也可多使用富含膳食纖維的菇類食材來替換原本的內臟食材，如猴頭菇、杏鮑菇、鴻喜菇、山茶菇等，除另有一番風味，味道也會更鮮美；還

可適度更換肉類食材為低脂的雞胸肉、魚類、蛋類，且這些食材的比例可提高。

2.少喝湯：佛跳牆料鮮味美，但菜品性質為高油、高鹽、高熱量，即使只是喝湯熱量也很高，所以佛跳牆的湯盡量不要喝，如果真的想喝，可以等湯溫冷後再喝，且最好是喝上層的湯（需先撇掉上層的浮油），因為許多含鹽分高的成分都會溶解在高溫的湯頭中，冷卻後就會沉澱在底層，喝多了這些鈉鹽含量高的湯恐會增加腎臟負擔。

3.補充無糖茶飲消脂：吃完油膩重口的佛跳牆，餐後最好飲用一些無糖、減脂的茶飲料，如烏龍茶、綠茶等，尤以綠茶所含的兒茶素具有抑制脂肪增生、促進細胞新陳代謝、降低脂肪堆積的作用，烏龍茶則含有茶黃素、茶紅素，有助降低血脂濃度。

醫師的小叮嚀：

過年應景除了吃一些濃油赤醬的大菜，也別忘了多吃蔬菜水果，如果本身是糖尿病、高血壓患者，佛跳牆最好淺嘗即止，製作各式年菜時也要牢記：少油炸、少糖、少鹽、多纖維，餐後多喝開水或無糖飲料，這樣才能吃得健康過好年。

居家隔離也要活動一下

防疫期間即使不便或者不能出門，仍有許多活動可以讓你保持運動和最佳身心狀態。英國卡迪夫的健身教練霍普金斯建議可利用家中現有的環境做一些簡單的健身運動，比如可利用沙發、椅子、牆壁等做深蹲、仰臥起坐等運動；如果家中有小孩，還可以跟他們一起做運動，比如親子瑜珈等。總之，讓身體動起來，提升心跳速度，就能對身心健康有益。

霍普金斯表示，最重要的一點是要養成規律的運動習慣，如果能在固定時間，例如每天早上7〜8點，自行或跟著網上教練做1個小時的健身運動就非常好。

英國健身教練和理療師希爾則表示，疫情期間人人都感到緊張和有壓力，有些人還會出現睡眠障礙，但如果你動起來，就能減少焦慮、改善睡眠品質。

當然，在家運動取決於家中的居住條件和自身情況，可能需要你做出相應的調整，對此，布里斯托大學營養和健康科學運動中心主任福斯特（Dr. Charlie Foster）對於疫情期間的運動提出以下建議：

1.70歲以下的健康者可到戶外運動，但注意與人保持至少2公尺以上的距離，或是可以出去遛狗、散步、騎自行車等。

2.有一些公共游泳池和健身房仍有開放，但注意在使用前後為器械表面消毒，當然，如果能在戶外運動更好。

3.盡量避免參加團隊式運動，如籃球、足球等，打網球、羽球則是可以的，但運動後必須徹底洗手，且不要與球友握手。

4.70歲以上、自主管理、孕婦及有其他健康問題但感覺良好者也可以到戶外運動，但同樣要嚴格保持防疫規定及距離。

染疫後如果還沒有恢復體力，最好先別運動，才能保持體力對抗病毒；如果已經戰勝病毒，身體開始好轉，生活也要逐漸回歸常軌，因為目前沒有人知道病毒對人體的長遠影響會如何。

在家就能做力量和平衡練習，防止肌肉流失

隨著年齡增長，肌肉力量會開始走下坡，要避免肌肉快速流失，力量和平衡練習尤其重要，可做一些如瑜伽、太極、阻力訓練等運動，即使居家自我隔離或是在防疫旅館，也可進行以下幾個動作簡單的室內運動：

1.椅子三頭肌撐體：坐在椅子邊緣，雙手放在身體兩側，手掌放在椅子前緣，雙腳打開與肩同寬，臀部前移離開椅子，背部沿著椅子的邊緣下沉，手臂向後彎曲成90度，身體盡量下沉，隨後身體抬高，臀部返回到椅子上，反覆練習。這個動作的要點是挺胸、動作慢、停頓後再重覆。

2.桌面伏地挺身：雙手撐扶於桌邊（也可替換成床、椅子或牆壁），兩腿併攏伸直，身體與桌面形成一個斜角，然後兩肘屈起使身體下降，讓全身的重量壓在兩臂上，再用兩臂和兩腿支撐的力量把身體撐起，重複做這個動作。

3.靠牆深蹲：找一塊平整可以後靠的牆面，然後像坐椅子一樣坐下去，臀部懸空，頭部和背部平貼牆面，屈膝、雙腿成90度，如此堅持幾秒鐘，再重複。

抗疫也要抗發胖！

防疫宅在家少出門，不但壓力大，心情也很差，心情差就想要吃東西，尤其是澱粉類的食物更有滿足感，管他麵包、泡麵、包子等都來者不拒，大口吞下這些澱粉類食物心情似乎馬上就能好轉。如果你也這樣要提醒你，攝取過多高油脂、高糖類食物，不但消化時間長，原本能藉由吃這些碳水化合物食物補充讓人開心的血清素的產生時間也會變得更久，沒消耗的熱量更可能形成脂肪囤積在腹部！

如何能在抗疫的同時又能抗發胖呢？為什麼壓力大、情緒不穩定的時候會想吃澱粉類或含糖食物？那是因為人體攝取碳水化合物後會產生血清素，血清素正是控制食慾的關鍵，也能調節情緒與壓力，甚至是能讓人快樂的化學元素。一般人愛吃的澱粉食物，包括馬鈴薯、麵包、米飯、麥片、薏仁、早餐穀片、小米、黑麥等穀類都是碳水化合物家族一員；另外，人們常吃的紅豆、綠豆、花豆等豆類，它們雖有蛋白質，但澱粉的含量比蛋白質來得高，所以也屬於澱粉類食物。

壓力上升時會讓身體分泌出壓力荷爾蒙皮質醇，當皮質醇開始上升，就會驅使人們產生想吃碳水化合物食物的慾望，例如炸薯條、洋芋片等，大口吃下本想紓壓，不知不覺間卻吃了過多高油、高鹽、高糖的食物，導致血糖上升、血壓飆高，長期下來，不僅埋下三高隱患，肥胖更是甩不掉的困擾！

想要抗疫又抗發胖，除了飲食要忌口，運動也不可少。防疫期間因為限制群聚及室內活動，以致無法出門或到健身中心運動，最立即的影響就是活動量急速下降，使得疫情以來許多人都發現體重上升，疫情稍緩後也迅速反應在減重門診中，求診者都抱怨暴肥的無奈，分析其原因有以下幾種：

1.活動量變少：平常要外出上班多少都會走一些路，可消耗熱量，但宅在家採視訊網路辦公，活動量至少減低了一半，這也連帶使身體的新陳代謝率降低，就容易使熱量囤積而變胖。

2.進食量增加：從病人的飲食流量表分析發現，居家上班期間攝取的熱量比平時平均多了25％，吃的又多是澱粉類食物，如蛋糕、餅乾、零食及速食類等。

3.壓力指數增加：許多人每天看到確診人數、死亡人數與病毒不斷變種的消息，除了出現恐懼、憂慮及失眠等症狀外，也有人害怕經濟不景氣導致失業等問題，更有許多人出現「恐疫症候群」，深怕自己及家人染疫，為了紓解這些壓力，就會藉由不斷進食試圖減輕壓力，尤其是澱粉類食物增加了許多。

抗疫期間要做好體重管理

不想在疫後出現疫情肥，可參考以下幾點建議：

1.建立室內規律的有氧運動習慣：許多人坐在電腦前上班上課幾個小時，完全沒有任何活動，建議每個小時最好做10分鐘肢體活動，如踮腳縮腹再深呼吸，一來可防止缺氧，二來可鍛練腹部肌肉，使小腹緊實。

2.早中晚各做一次深蹲：深蹲雖屬無氧運動，卻可增強下半身肌肉，對預防肌少症很有幫助。

3.避免吃太多澱粉及油脂類食物：許多人居家上班期間三餐都叫外送，飲食內容大多是高油、高脂、高糖類食物，建議要攝取足夠的膳食纖維及蛋白質食物，這樣既可減少熱量的攝取，增加飽足感，減少吃零食的機會，也能有效增強免疫力。

最後提醒，防疫期間要避免暴肥與提升免疫力，要保持樂觀快樂的心境、充足的睡眠及養成運動的習慣，除了能消耗過多的熱量，也能幫助增加血清素濃度，讓人有好心情、好體力。

避免「疫情肥」，可練習小腹減脂操

因為愛吃、缺乏運動，加上地心引力的作用，人體最容易發胖的地方就是腹部，腹部肥胖的負面影響除了外觀外，也是造成胃食道逆流、脂肪肝及呼吸中止症候群的重要因素。防疫在家不方便出門，要避免養出惱人的肥肚肚，建議可做一些能增肌減脂的核心肌群運動，最簡單、又可居家練習的運動就是「小腹減脂操」，方法如下：

1.腳跟平貼地面站立，雙手微貼外耳，腳尖著地腳跟慢慢抬起，1分鐘後腳跟離地約10公分，並開始使用橫膈膜呼吸法。一般的腹式呼吸是在吸氣時讓肚子膨脹，吐氣時讓肚子凹陷，但橫膈膜呼吸法則剛好相反，還要注意呼吸時將舌頭放在嘴巴中央，不要讓舌頭去頂門牙的背面。

2.如果體力還夠，可以再練習腹部順時鐘及逆時鐘交替360度轉圈，每次來回練習10次，這樣可鍛鍊腹直肌的肌力，幫助加速血液循環。

解封後的「疫情肥」
可藉水式運動改善

　　經過了幾個月的三級防疫警戒，疫情總算有緩和的趨勢，各國政府也逐步朝解封的方向鬆綁警戒範圍，但解封後門診發現「暴肥」的病人增加了許多，其中更以肌少型肥胖為大宗，這主要和防疫期間缺少肢體運動有關。

　　由於疫情期間幾乎所有的戶外運動都停止，加上飲食模式改變（如較多食用高熱量、高澱粉的速食），及隱形的心理壓力，讓疫後暴肥求診人數增加了兩成多，且患者增加的體重比平常多了15%以上。

　　「疫情肥」增重的類型以脂肪成分居多，脂肪一多肌肉組織相對就會變少，這情況在銀髮族群中尤為明顯。對於在疫情期間暴肥，想減重但不適合高強度重訓的銀髮族，建議可採用水式運動，因為水中運動既有陸上運動的效果，又可避免負重引起的關節傷害，特別是四肢的肌肉組織可藉著撥

水、划水及夾水等動作達到增肌減脂的效果。

　　水式運動的優勢在於水的浮力可減少90%的體重，間接就可減少在陸上運動時因地心引力對關節及肌肉的傷害，且水的散熱能力是空氣的16倍，而人在水中活動的阻力比在陸地大12倍，因此同樣時間、同樣強度，水中運動比陸上運動消耗熱量的效果更好，且水式運動還有舒壓的功能，因此對於疫後想快一點減脂增肌的人，水式運動是很好的選項。

接種疫苗後減重須知

　　疫情舒緩後，現在很多人開始了減重計畫，但正值疫苗接種期間，提醒你這時千萬不能利用168斷食或生酮飲食方式減重，因為讓疫苗產生抗體的主要元素就是蛋白質與醣分，缺少任一個都會嚴重影響抗體的形成。

　　由於新冠病毒是以ACE2作為載具，而脂肪組織含有非常高比例的ACE2，體脂愈高的人其脂肪內的ACE2總量就愈多，這也可以說明為何新冠病毒重症患者以肥胖者居多。因此，針對疫情肥減重要以減少體脂為治療原則。

　　目前新冠疫苗的種類大致有腺病毒疫苗、mRNA疫苗及重組棘蛋白疫苗，不管是哪種類型，其最終作用機轉就是要使人體自行產生具免疫力的抗體（中和抗體），而這些抗體的組成原料主要是蛋白質，其中組成免疫球蛋白最重要的就是醣蛋白結構，因此蛋白質及醣類在免疫球蛋白的產生佔有極重要的功能。

　　以168斷食為例，一天只進食8小時、斷食16小時，這種飲食模式讓蛋白質、醣分的攝取都同步減少；生酮減重法則是不吃澱粉、大量吃肉，這樣吃會使澱粉源不足、醣分不夠，身體會以消耗蛋白質來作為熱量來源，這樣就會影響疫苗抗體的原料吸收。

醣或蛋白質任一項攝取不足，都會影響抗體的正常代謝途徑，因此建議疫苗注射期間要適當攝取碳水化合物類食物，並保證均衡飲食，才能確保疫苗的保護力。

其他如許多人常用的極低熱量或幾乎斷食的減肥法，也多少都會影響抗體的正常代謝途徑！如果因為要快速減重而降低了抗體的形成量，甚至降低了接種疫苗的保護效力，那就得不償失了。因此接種疫苗後想要讓抗體順利產生，一定要停止不健康的減重方法，利用循序漸進、均衡的飲食模式，再加上適當的有氧運動，就可以得到疫苗的有效保護，並能盡快恢復理想體態。

小心人工色素對減重的危害

食品工業蓬勃發展，許多不肖商家為了節省成本，使用低劣原料，讓食安問題頻傳，對人體造成的危害也不容小覷，除了常見被關注的油品問題外，加工製品裡的人工色素也值得大家重視。

作為一種食品添加劑，人工色素

是用化學合成法製成的有機色素，多數是由從煤焦油中分離出來的苯胺染料所製成，主要被用於碳酸飲料、果汁飲料、糕點、糖果、醃漬小菜、冰淇淋、果凍、巧克力、奶油、即溶咖啡等食品的著色，研究資料顯示，長期食用人工色素會使致癌風險提高。

從肥胖專科醫生的立場來看，光是人工色素單項和肥胖並沒有直接關係，也鮮少有人會直接食用人工色素，但細看其所運用的範圍，幾乎都是色彩鮮艷、熱量高、營養價值低的食物，舉凡各式零食、碳酸飲料等幾乎都會添加，這類食物色彩鮮豔、造型美觀又香味誘人，特別吸引孩童的目光，但別以為好看、好吃，這類食物其實對健康害處多多，以條裝軟糖為例，重量僅約40公克，熱量卻高達150大卡，小朋友拿來當零食，不僅吃下一堆化學色素，也會吃進不少熱量。

還有現在很流行的法式點心馬卡龍，色彩繽紛模樣小巧可愛，非常吸引愛吃甜食的消費者，其鮮豔的色彩也多是人工色素「染」出來的，製作過程中也加入大量的糖，吃多了不僅有礙健康，體重也會直線上升，所以，想要減重的朋友最好對這些「鮮豔」的食物保持一點距離。

為健康及身材著想，飲食最好以天然食材為主，添加人工色素的加工食品其實就是披著糖衣的惡魔，是造成你肥胖的幫兇。

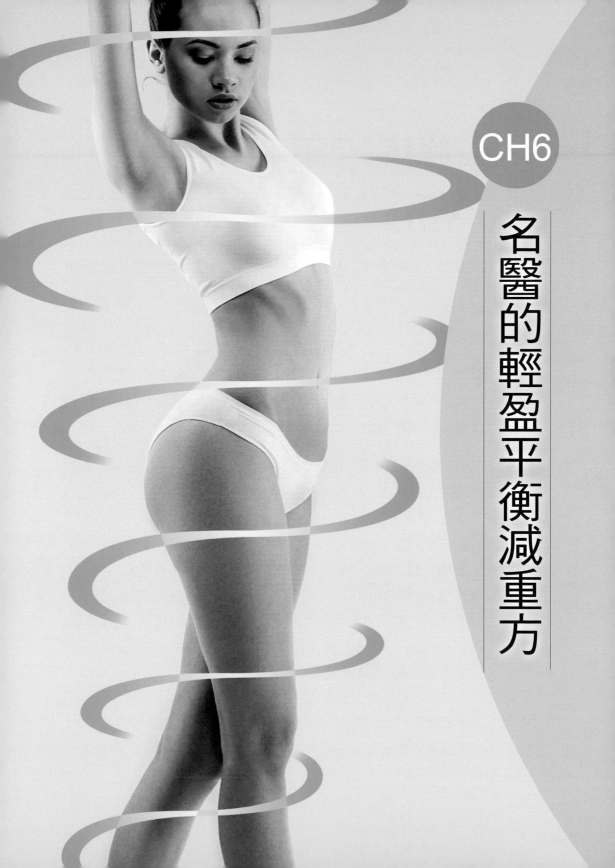

CH6

名醫的輕盈平衡減重方

減重不用挨餓，
名醫的智慧減重方

　　為什麼多數人減重無法成功？主要是因為許多減重方式包括斷食、斷糖、持之以恆的運動對多數人來說都是不易達成的，即使初時很有心，刻苦勉勵執行，但一段時間後，不是體力不濟，就是被忙碌的生活打亂了原本設定的減重計畫；其實，減重可以有比較輕鬆易達成的方法，本章就要介紹幾個輕鬆不復胖的智慧減重法。

　　首先來說說智慧減重的特點：

　　1.由於每個人對食物的吸收及分解能力不盡相同，智慧減重是利用食物種類的差別性，找出不易囤積發胖的食物種類。

　　2.相同熱量的食物，因烹調方式不同、GI指數不同，煮食後會有不同的致胖效果。

3.低熱量的食物可能因鹽分較多，吃多了易造成水份在體內滯留而瘦不下來。

4.長期暴飲暴食（尤其是經常光顧「吃到飽」餐廳）、飲用超大杯飲料，造成胃體積撐大，形成大胃口現象而愈吃愈多。

5.智慧減重是量身訂做且是個人化、生活化、可執行的減重方式，所以容易貫徹，不會半途而廢，也不必忍受飢餓及考驗自己的意志力。

分辨肥胖類型才能對症下藥

進行智慧減重前必須先分辨患者的肥胖類型，才能對症下藥：

1 澱粉型肥胖
2 代謝型肥胖
3 大胃口型肥胖
4 壓力型肥胖
5 基因型肥胖
6 更年期型肥胖
7 荷爾蒙不平衡型肥胖
8 藥物型肥胖
9 水腫型肥胖
10 便祕型肥胖
11 時差型肥胖
12 季節更替型肥胖
13 晝夜顛倒型肥胖
14 復胖型肥胖
15 老年型肥胖
16 抗藥型肥胖
17 多重用藥型肥胖
18 產後型肥胖
19 罕見疾病型肥胖
20 器官移植後型肥胖
21 電解質不平衡型肥胖
22 微量元素不平衡型肥胖
23 胃繞道手術後型肥胖
24 空氣污染型肥胖
25 環境污染（塑化劑等）型肥胖
26 創傷後症候群型肥胖

正因為肥胖的原因有多種多樣，如果沒針對其成因對症下藥，難怪減重總是不得法，成效當然就很有限！

根據2015～2019年間我的減重門診3088位患者施行智慧減重後的效度及復胖率，其結果統計如下表：

智慧減重處方效度及復胖率統計　　　　　　　　　　　　　人數：3088位

	處方藥物	非藥物處方
臨床效度（3個月內減少10%～15%）	65%	27%
主觀效度	70%	40%
6個月內復胖率	55%	60%

由統計得知，有處方藥物協助（對症用藥）的智慧減重患者，在臨床效度（成功減重）及主觀效度上都有較明顯的減重成果，且6個月內的復胖率也相對較低，顯見智慧減重是一種易執行且收效較好的減重方式。

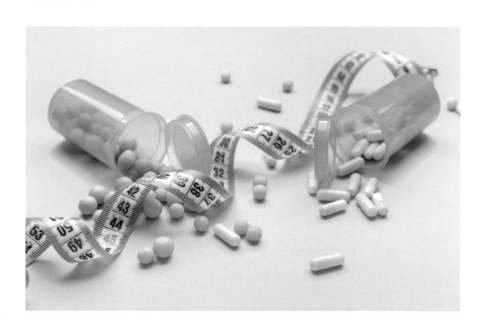

非處方用藥
對減重的效用

依據肥胖類型對症用藥是智慧減重成功的關鍵，使用藥物減重治療前必須有評估程序，最重要的就是抽血做生化檢查，包括肝臟損傷指標（GOT），確認肝臟是否有發炎的情況。

一般減重用藥依其作用機轉可分類為：

1.作用在中樞神經系統

2.作用在飽食系統

3.作用在通便消化道系統

4.作用在利水系統

依處方材料性質可分類為：

1.植物性

2.動物性

3.礦物質

4.微量元素

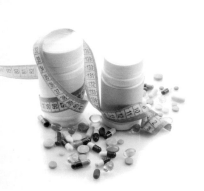

以下是幾種常見的非處方減重藥物，分別依其作用機轉說明其效用及禁忌：

● 欣樂芬素（synephrine）●

來源：

主要是來自一種Citrus aurantium的橘科類水果皮，在台灣栽種

的綠皮柳丁也含有豐富的欣樂芬素，幾年前筆者曾委託榮總做了一個分析報告，證實台灣的綠皮柳丁含有的欣樂芬素比外來種香吉士高。

作用機制：

和麻黃素及腎上腺素相似，具有中樞神經興奮及促進新陳代謝作用，但一般認為欣樂芬素分子結構式是專一作用在β-3腎上腺素受體，與作用在β-2或β-1的麻黃素不同，因此不會產生和麻黃素一樣的副作用。

麻黃素副作用

常見如睡眠障礙、焦慮、頭痛、產生幻覺、高血壓、心搏過快與失去食慾，甚至可能會有排尿障礙，較嚴重的症狀包括中風、心臟病和藥物成癮。

使用建議：

在安全濃度下，可使用在代謝型肥胖或有常態性便祕的患者。

使用禁忌：

心因性心臟病、本態性高血壓、甲狀腺亢進、焦慮症、大腸激躁症、帕金森氏症、青光眼等患者禁用。

使用原則：

1.盡量從低劑量開始，如遇到停滯期不建議過量使用。

2.盡量不要和氣喘藥或抗憂鬱症的藥物合併使用。

3.一般開始使用時，30%的病患會主訴有輕微心悸現象，如果

情況嚴重要馬上停止服用。

　　4.20%病患初始服用會有嚴重腹瀉的情況，只要劑量減輕症狀多數可緩解。

　　5.一般產生抗耐性的時間約在3週以後。

其他方面：

　　目前有關單位有訂定濃度標準，故要注意廠商標示之濃度。

● 綠茶類 ●

作用機轉：

　　1.咖啡因：能活化脂肪分解酵素，讓脂肪轉換成熱量。

　　2.兒茶素：具有高度的抗氧化性，能抑制脂肪組織增生，促進細胞新陳代謝，減少脂肪堆積。

　　3.綠原酸：能降低血脂及三高成分，增加血管張力。

綠原酸

　　影響咖啡中果酸味道的主要成分，除了影響口感外，由於綠原酸是一種抗氧化物，能夠緩和細胞發炎的情況，也就是可以保護細胞不受到攻擊，具有抗老化與對抗疾病的功能。

　　除了咖啡，其他含有綠原酸的食物還包括蘋果、葡萄、番茄、藍莓等水果，不過仍以咖啡的綠原酸含量為最高。

　　由於綠原酸能防止脂肪堆積，並有緩和細胞發炎的功效，而肥胖常常是因為身體長期發炎所造成，所以抑制身體發炎就能有預防肥胖的效果。

使用方法：

依據歐洲食品安全局的建議，成年人每日攝取的咖啡因含量不宜超過400毫克，台灣相關單位的建議量則為300毫克，差不多是3杯咖啡的量。

使用原則：

1.盡量不要和咖啡一起使用。

2.有高血壓、心因性心臟病的病人要從低劑量開始使用。

3.服用利尿劑的病患要避免使用。

4.一般建議用在代謝型肥胖或水腫型肥胖的患者。

● 三價鉻 ●

作用機轉：

1.平衡血糖，有利體內正常糖分之代謝，特別是有機型態的鉻可提高細胞對胰島素的敏銳度，降低胰島素抗耐性，進而促進胰島素進入細胞，幫助血糖正常代謝。

2.促進膽固醇及血脂正常代謝，尤其可幫助增加高密度膽固醇及降低低密度膽固醇，因此可用於防止冠狀動脈硬化，及預防心血管疾病。

3.鉻元素對於情緒性引起之暴食症具有抑制功能。

4.鉻可幫助蛋白質轉變成肌肉組織，當身體的鉻元素充足時，身體的瘦肉組織會比較多，脂肪組織就會相對變少，這對於肌少型肥胖症有正面作用，因此想用運動來減肥的人，建議要補充足夠的鉻元素。

使用對象：

一般建議使用對象是第二型糖尿病的肥胖患者。

● 玉米鬚 ●

作用機轉：

玉米鬚具有天然的利尿作用，且玉米鬚含有大量的膳食纖維，可刺激胃腸蠕動，加速糞便排出，也可用在改善便祕及腸躁症等用途，玉米鬚還具有高度吸水作用，藉體積之膨脹可相對增加飽足感而減少飲食。

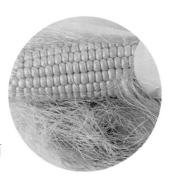

使用對象：

對於非病態性（如體質性、週期性）水腫有改善作用，但如果是腎性水腫及電解質不平衡引起的水腫，不建議用此方法。

● 蟹殼素（甲殼素）●

作用機轉：

1.因其成分中所帶正電荷能和食物中屬負電荷的脂肪組織起結合作用，進而阻斷脂肪組織分解酵素，使脂肪組織在腸內不被吸收就排出體外，但對身體有幫助的蛋白質則不會經此機轉被排出體外。

2.其性質屬於動物性膳食纖維，對人體的相容性較高，且具有物理性阻油效果。

使用禁忌：

1.因為是由動物體殼萃取而來，全素者應避免使用。

2.海鮮過敏者應避免使用。

● 色胺酸 ●

作用機轉：

　　色胺酸是大腦製造血清素的原料，而血清素具有抑制食慾的作用，又是褪黑激素的原料，可活化棕色脂肪，幫助熱量消耗，屬於一種中樞神經抑制劑。

使用對象：

　　對於中樞型暴食患者可評估後使用。

使用禁忌：

　　對於腎絲球過濾率（GFR）小於50%的慢性腎臟病患者不建議使用。

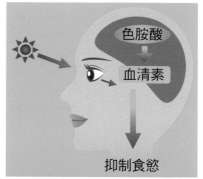

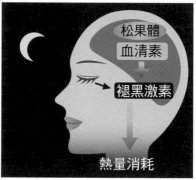

● 白胺酸 ●

生理功能：

1.促進蛋白質合成，增加肌肉生成，提高新陳代謝率。

2.抑制蛋白質分解，保留肌肉組織，防止肌少症發生。

3.提高飽食中樞閾值，幫助飲食減量。

4.幫助能量代謝。

5.是構成神經傳導物質及荷爾蒙的組成原料。

6.能幫助肌肉、骨骼及皮膚修復。

7.協助降低三酸甘油酯。

作用原理：

1.白胺酸在消化道中能幫助膽鹽分泌，進而促進脂肪類食物更

易溶解於水中，加速脂肪排除。

　　2.可增加脂肪酶活性，加速脂肪分解。

　　3.促進脂溶性維生素吸收。

　　4.維持血糖恆定，降低胰島素抗耐性。

　　5.防止脂質過氧化，具抗氧化性，減少自由基之形成，且可降低過氧化脂質生成的速率。

　　6.可預防動脈硬化，抑制血小板凝集作用，對動脈粥狀硬化疾病有防治作用。

● 麩硫胺酸（Glutamine）●

作用機轉：

　　1.在正常情況下是一種非必需胺基酸，其生理功能是能在特殊情況下轉變成人體必需胺基酸，供應細胞增殖時對這些原料的需求。

　　2.提供碳給細胞用來產生能量或是生成其他分子，也會經由腎臟釋放出氮來調整酸鹼度。

　　3.可幫助防止肌肉流失及幫助減重。

使用方式：

　　每天補充30公克，分3次補充。

● 中鍊脂肪酸（MCT）●

作用機轉：

　　1.食物中脂肪酸所含碳原子愈少就愈容易被消化及為人體所

用，且不須胰脂肪酶和膽汁的分解，直接從腸細胞進入門靜脈作為及時能量使用或轉換成酮體。一般食物中常見的長鍵脂肪酸是帶13～21個碳原子，中鍊脂肪酸所含的碳原子則是6～12個。

2.因碳原子含量較少，所以較容易快速代謝脂肪，也能較快速達到飽足感。

3.可快速提升產熱作用。

4.糖尿病患者攝取適量的中鍊脂肪酸可降低平均飯後血糖，有些病患甚至具有改善胰島素抗耐性之功能。

使用原則：

對於高血糖或有胰島素抗耐性之肥胖症患者可列為優先處方，但不建議長期或超量使用，畢竟是脂肪成分，過量使用會有酮酸中毒的疑慮。

酮酸中毒

酮酸是脂肪分解過程中的產物，當人體內的脂肪大量分解時，大量的酮酸會從肝臟進入血液中，血液中的酸性代謝產物增多，會使血液pH值下降，進而導致酮酸中毒。除了糖尿病，喝酒過量有時也會導致酮酸中毒。

酮酸中毒早期會出現多尿、容易口渴等症狀，再來會噁心、嘔吐、肚子痛，呼吸的氣息有發酵水果的味道，更嚴重時會脫水、四肢發冷，甚至死亡。

● 番瀉葉 ●

作用機轉：

1.跟大黃、巴豆一樣含有蒽醌類成分，可刺激腸道蠕動。

2.其生理作用屬於神經性的潤腸通便作用，一般在服用5小時後會產生作用。

使用原則：

1.不宜長期使用，過量及長期使用會使腸胃道產生依賴性，失去自我蠕動的功能。

2.一般建議使用不要超過12公克，每次不要連續使用超過3週時間。

3.對於情緒性或壓力性產生之便祕有緩解作用。

4.使用前一定要先作腹部聽診或腹部超音波檢查，排除機械性腸阻塞之情況。

禁忌症：

如果是沾粘性便祕或懷疑有腸阻塞時不建議使用。

成藥使用原則

台灣藥品分「成藥」、「指示藥」、及「處方藥」三級：

1.成藥

乙類成藥：藥品藥性弱，不需要經醫師或藥事人員指示使用者皆是，如：綠油精、面速力達姆等，這類成藥因其藥效緩和，無蓄積性，耐久儲存，使用簡便，且具有效能、用法、用量、成藥許可證字號等的明顯標示，所以使用上不需經醫師指示，就可購買用來治療各式疾病。民眾可於一般社區藥局或合格的藥品販賣處自由選

購，再依説明書上的用法用量正確服用即可。

　　甲類成藥：僅能於藥局或藥事人員執業的處所內，經醫藥專業人員指導下才可購得。

2.指示藥

　　藥品藥性溫和，可由醫師或藥事人員推薦使用，並指示用法，如胃藥、暈車藥、感冒藥、香港腳藥膏等，指示藥物雖然不需要處方箋，但使用不當仍不能達到預期療效。

3.處方藥

　　經醫師診斷，確定病因後開立處方箋，才能到藥局拿到藥品，藥局沒有醫師處方不能販賣醫師處方藥（例如高血壓、糖尿病用藥、抗生素等）。

適應症：不同族群有不同的用藥方針

　　指藥物、手術等方法適合運用的範圍、標準，不同藥品亦可能有相同的適應症，如利尿劑、鈣離子阻斷劑等均可適用於高血壓。

　　不同藥品可治療同一種疾病，一種藥品亦可能有幾種不同的適應症，臨床醫師在評估病人諸多個別條件，如性別、年齡、特殊遺傳疾病、肝功能、腎功能等條件後，針對特定疾病選擇某一種理想藥物用以治療。

　　治療藥物的選擇受許多因素影響，有時針對特殊疾病，男女用藥會有差異性，其他如年齡、種族亦可能有不同的用藥方針，台灣客家人有較高的蠶豆症罹病率，對此類病人在選擇治療藥物時，需避免會導致急性溶血之藥品，如磺胺劑；另外，病人是否抽菸、偶而喝酒或酗酒，亦會影響藥物的選擇。

每天一筆不痛苦減重

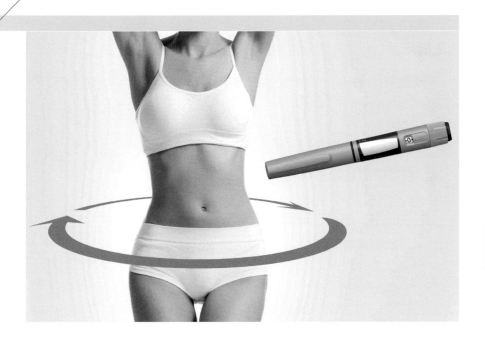

名醫的輕盈平衡減重方

當肥胖已成為全人類公敵，減重成為全民運動，各種更有利於減重的方式便成為生醫科技不斷投入研究的領域，近日，一種以注射方式來抑制食慾以達到減重目的的減肥針（減重筆）甫面市，就吸引市場極大的關注，對屢次減重失敗的人來說，彷彿是已經見到減重成功的曙光。

善纖達（Saxenda）注射液是一種GLP-1類似物，主要作用是讓人產生飽足感、抑制食慾、減慢胃部食物排空的速度，進而降低進食量；它的作用時間比人體自然分泌的飽足感荷爾蒙更久，可大幅降低食慾，減少吃進過多熱量造成肥胖或長期無法瘦身的困擾，達到體重減輕的效果。

善纖達的生理機轉

　　GLP-1（Glucagon-like peptide-1）是一種類腸泌素的天然荷爾蒙，會在進食時釋放，是作為調節食慾的生理分子。善纖達與內源性人類GLP-1相似性高達97%，作用於下視丘，在此處與食慾和食物攝取調節有關的特定神經元進行交互作用，可增加飽足感、降低飢餓感，因減少食物攝取而降低體重。

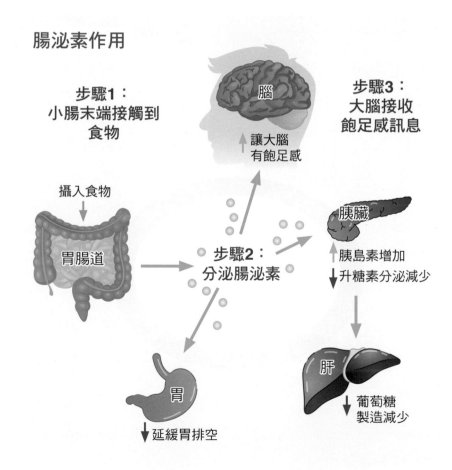

腸泌素作用

步驟1：
小腸末端接觸到
食物

腦

步驟3：
大腦接收
飽足感訊息

讓大腦
有飽足感

攝入食物

胰臟

胃腸道

步驟2：
分泌腸泌素

↑胰島素增加
↓升糖素分泌減少

胃

↓延緩胃排空

肝

↓葡萄糖
製造減少

善纖達俗稱「減肥針」或「減重筆」

　　善纖達為丹麥Novo Nordisk製藥公司研發，改良自原先用於治療第二型糖尿病的處方藥劑胰妥善，由於產品為針劑且設計外觀像原子筆，因而俗稱「減肥針」或「減重筆」。

　　該產品已獲得歐盟藥品管理局（EMA）、美國食品藥物管理局（FDA）與台灣衛生福利部食品藥物管理署（TFDA）核准，韓國、香港皆已上市2年以上。

善纖達核准上市時間
美國（FDA） 2014年
歐盟（EMA） 2015年
台灣（TFDA）2020年12月

善纖達主要成分

　　主要是Liraglutide（利拉魯肽），是人體類升糖素胜肽-1（GLP-1）類似物，利用釀酒酵母以重組 DNA 技術培養生產，成分與人類進食後所產生的天然荷爾蒙GLP-1成分高度相似，可讓人有飽足感、降低飢餓感，進而減少食物攝取，達到體重管理的效果，體重的改變可改善整體生活品質，包括更有活力、更健康、體態更緊實，人顯得更有精神，也更有自信。

善纖達的臨床應用成果

　　根據2487名受試者在1年使用期間的數據統計，相較於安慰劑組，體重平均減輕了9.2%，約1/3受試者體重減輕超過10%，腰圍平均減少3.2吋（8.1公分）。

另外，善纖達不僅能用於體重控制，對心臟代謝疾病與高血糖等風險因素也能有降低的效果。

善纖達減重筆適應症

善纖達用於體重控制，是做為低熱量飲食及增加體能活動之外的輔助療法。

適用對象：成人病人且初始BMI≧30；或27≦BMI＜30，且病人至少有一項體重相關共病，如第二型糖尿病、高血壓或血脂異常等。

誰適合使用善纖達減重筆？

1. 試過其他運動、飲食控制都失敗，想嘗試簡單方式減重的人。
2. 怕吃口服藥、吞藥困難的人。
3. 無法克服口服藥不適的人。
4. 迫切需要體重控制的人。
5. 食量大、愛吃零食且沒時間運動的人。
6. 產後胖、中年代謝下降的人。
7. 不喜歡大量喝白開水的人。

善纖達的禁忌症

1. 第二型糖尿病患者。
2. 年齡小於18歲或大於65歲（無法確定用於18歲以下兒童和青少年的安全性及療效）。
3. 個人或家族有甲狀腺惡性腫瘤病史、惡性腫瘤病史者。

4.（重度）腎功能不全（肌酸酐清除率＜30 ml/min），包括末期腎病病人。

5.輕度或中度肝功能不全病人應謹慎使用。

6.對針劑成分Liraglutide過敏者，包括急性過敏性反應及血管性水腫患者禁用。

7.懷孕、哺乳中，或準備懷孕者須立即停止使用。

8.不應與其他GLP-1受體促效劑併用，應考慮減少併用的胰島素或胰島素促泌素劑量，以減少低血糖的風險。

9.有憂鬱症病史者應謹慎使用，如使用後有憂鬱症加劇情況應立即停藥。

10.個人或家族有甲狀腺髓質癌（MTC）病史，及有第二型多發性內分泌腫瘤綜合症（MEN 2）病史者禁用。

11.以每天3mg治療12週後，若減重效果小於5%，應停止使用。

善纖達可能產生的副作用

1.胃腸道不適，是最常見的反應。

2.噁心、嘔吐、腹瀉、低血糖、便祕、食慾下降。

3.偶有失眠、注射部位反應、無力、倦怠。

　　這些副作用不是每個人都會有，通常在使用產品幾天或數週後就會消退。

如何使用善纖達減重筆？

1.善纖達注射用溶液為預填式注射筆，每天1次皮下注射，可選擇腹部（與肚臍保持5公分的距離）、大腿前外側或上臂（後上外側），但建議以腹部為優先施打部位。

2.可在一天中任何時間使用，無須刻意選擇空腹或餐後，也不用隨用餐時間調整，但建議最好能在每天相同的時間段注射，例如：早午兩餐之間、下午3點左右。

3.注射時手部與注射部位需先清潔或用酒精消毒，以避免細菌感染。

提醒您：善纖達為處方藥品，無醫師處方與非醫療管道不得販售，應避免在沒有醫師駐診的非醫療院所購買，以免錯誤使用或買到偽劣品。

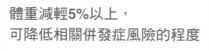

體重減輕5%以上，
可降低相關併發症風險的程度

高血壓

尿失禁

血脂異常

退化性
關節炎

多囊性
卵巢症候群

第二型
糖尿病

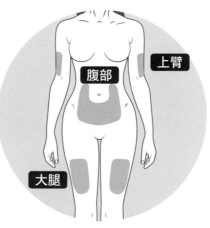

可選擇注射在腹部、
大腿或上臂部位

善纖達減重筆的使用步驟

1.檢查注射筆

無色　　　標籤

2.裝上針頭

3.檢查流動情形

4.選擇劑量

5.注射藥物

慢慢數到6

6.移除針頭

　　1.檢查注射筆：打開筆蓋，檢查注射筆中的溶液是否為透明無色。

　　2.裝上針頭：拿取新的針頭，私下密封片，將針頭筆直推入注射筆，並確認已旋緊及固定好。

　　3.檢查流動情形：全新拆封的注射筆在第一次注射前必須先排出空氣，如果是已經使用過的注射筆可省略此步驟。

　　4.選擇劑量：旋轉劑量調節旋鈕，直到劑量顯示窗顯示您需要使用的劑量（通常為第1週0.6mg、第2週1.2mg、第3週1.8mg、第4週2.4mg、第5週及以後3.0mg），並確定是否對齊劑量指示線。

　　5.注射藥物：將針尖刺入皮膚後，按下筆身尾端的注射鈕，直到劑量指示視窗數字為「0」，並聽到「喀擦」聲，即開始倒數6秒鐘，以確保藥物劑量完整注入。

　　6.移除針頭：將針頭保護外蓋套入針頭，從外蓋底部轉下後小心棄置，套回筆套蓋，並妥善保存注射筆，以便隔日再次使用。

善纖達減重筆的存放與保質期

1. 初次使用後的保存期限為1個月。
2. 應存放於30°C以下，或置於冰箱冷藏（2°C〜8°C）。
3. 注射筆蓋使用後應套回，避免光線照射。
4. 切勿與他人共用注射筆或針頭，以免感染。

使用善纖達的飲食秘訣

1.健康飲食：每餐的食物配比為蔬菜50%、健康的碳水化合物（糙米或全麥麵食）25%、健康的蛋白質（瘦肉、去皮雞肉或海鮮）25%。

2.減少進食量：餐餐七分飽。

3.養成定時用餐的習慣：避免超過用餐時間，餓過頭反而可能吃更多。

4.充足飲水：每日至少飲水1000cc〜1200cc，最好喝1500cc〜2000cc。

5.準備1小份健康零食：水果、蒟蒻片或1小份堅果，以滿足想吃東西的慾望。

6.避免食用高脂或油炸、辛辣、重口味的食物。

7.避免抽菸或喝酒。

善纖達Q&A

Q1 施打新冠疫苗後需要暫停施打善纖達嗎?

　　如果已經使用一段時間了就可以繼續使用,因為新冠疫苗及善纖達都可能會有腸胃道症狀,同時使用會較難判斷是哪個引起不適。如果還沒開始使用,可以等疫苗施打過後,確定沒有不適症狀再使用。

Q2 善纖達1支(18mg)通常可使用多久?

　　使用計量需遵照醫囑循序漸進使用,並依個人身體狀況做調整,1支18mg的善纖達開封後使用期限通常為1個月。

Q3 善纖達施打多久會有成效?

　　臨床顯示,經過為期1年的使用,六成以上的人可減重5%,超過三成的人減重超過10%。以70公斤為例,約可減重3.5～7公斤,通常前4～8週效果就很明顯!如果效果不如預期,建議可向醫師諮詢。

Q4 施打善纖達0.6mg需打滿1週才能上調到1.2mg嗎？

若是施打3天都沒有感覺，可依照個人生理狀況調高劑量，但必須先詢問醫師的意見，勿自行調整。

Q5 要有最大減重成效就必須施打到3.0mg嗎？

不一定，看每個人的身體狀況，女性大多打到2.4mg即可。

Q6 出門旅行忘記帶善纖達，隔幾天後要如何恢復使用？

若距離最近一次注射已超過3日，應重新以0.6mg起始劑量開始，並依照施打記錄表上劑量增減時程重新開始，以降低重新治療的腸胃道不適症狀。

Q7 使用善纖達減重筆注射會不會很痛？

善纖達減重筆採用極細針頭，大約如同兩根頭髮的粗細，多數人使用的感覺像是被蚊子叮咬，無明顯疼痛，怕打針的人也可以適應。

Q8 使用善纖達多久會有效果？

多數使用者在4～8週就有明顯的減重效果，在使用1年的情況下，60%的人體重可下降5%，超過30%的人體重可減少10%以上。

Q9 停用善纖達後會不會很快復胖？

理想體重需要管理，任何減重方式不可能一勞永逸，建議在療程中即養成良好的飲食與運動習慣，持續一段時間後讓身體逐漸適應，當體重達到理想狀態時，再以循序漸進的方式減少劑量，切忌自行斷然停藥。

我的不復胖減重經驗分享

劉伯恩

　　20年前，我的BMI值為27，已達過重上限，但靠著飲食控制、規律運動、堅定的意志力，在短短1年半內減了20多公斤，BMI降到19，找回精實的身形與健康，而且至今如此。關於我的減重歷程，可以做以下的分享。

　　我身高165公分，20年前減重以後體重一直維持在53公斤左右，BMI值為19，在正常值內（正常範圍：18.5≦BMI＜24）。但在20年前，同樣的身高，體重卻高達75～70公斤，BMI值27，剛好介於過重和輕度肥胖之間（24≦BMI＜27為過重；27≦BMI＜30為

輕度肥胖），發胖的主要原因是白天工作忙、吃得少，等到晚上工作告一段落就想要多吃一點，慰勞自己，也因為是外食族，肚子餓了，便當、烤雞腿、可樂、甜點、蛋糕、標榜沒有人工甘味的現打果汁，隨便買隨便吃，非常方便。有一天心血來潮，以超音波查看自己的胃，發現胃被撐得好大，足足有一般正常人的2倍以上。

漸進式＋清淡飲食，1年半減重20公斤

　　驚覺肥胖對健康的隱患，乃決定將家醫科診所改為減重專門診所，並在台北市立忠孝醫院開設全國第一個減重門診。由於擔心胖醫師當減重醫師沒有說服力，便決定減重由自身做起。利用1年半時間，體重從75公斤減到53公斤，減了20多公斤，此後20多年沒有復胖過。

　　大家都知道的，減重一開始很辛苦，需要靠意志力維持。很多人一開始減重意志力很強，但要從原本1天攝取5000卡，一下子降到2000卡，很多人都會吃不消，甚至覺得不吃美食生無可戀，很快就打了退堂鼓，當然就不會有減重成果。因此，減重要成功需要漸進式、生活化，可以從每天減少攝取10%的熱量開始，慢慢遞減，從5000卡降到4500卡，慢慢減到一天2000卡；
其次，味覺的改變需要經歷5～7天，所以你可以利用1週的時間戒除重口味、高糖、高鹽的食物，漸進轉換為清淡的飲食習慣。

　　肥胖主因不外乎代謝慢、胃口好。肥胖病人有60%～70%和胃口好有關，30%和代謝慢有關，也有人是兩者兼具，所以治療肥胖只要能處理「胃

口好」和「代謝慢」這兩件事就事半功倍了。然而，「代謝慢」有些是病態性的問題，如甲狀腺功能低下、老化等，比較難由自己處理，需要由專業醫護人員協助；但「胃口好」大多可以靠自己來調整，所以在肥胖治療上，胃口調理的部分就很重要。以下提供清淡飲食的六個訣竅：

1.每天60克蔬果：衛福部建議，成年人1天要攝取至少20克的膳食纖維，由於蔬果含有水分，要攝取足量的纖維素，每天要吃進60克以上的蔬果量才行。

2.每天中午前吃一大盤五顏六色的蔬菜：比如將綠色花椰菜、白蘿蔔、黑木耳、紅色及黃色甜椒、紫色及黃色地瓜混在一起吃，如果怕蛋白質攝取不足，可添加一些堅果、優格、牛奶、豆類等，在中午前吃對食物消化比較好。

3.過午不吃水果：水果應選擇白天腸胃道比較活躍的時候吃，比較不會有脹氣問題，最好在中午前把1天的蔬果量攝取完成。

4.晚餐攝取蛋白質：晚餐吃點蛋白質的食物肚子比較不會餓，才不會想吃宵夜。蛋白質的選擇可1週有2天吃紅肉、5天吃白肉，1天攝取量不要超過70公克。

5.晚餐加小半碗碳水化合物：以糙米、五穀米較好，少吃白米飯。

6.晚上吃約1紙杯份量的蔬菜：晚上吃蔬菜如果怕脹氣，可以煮軟一點，白天吃蔬菜只要汆燙6分熟即可。由於根莖類蔬菜比較難消化，因此晚上的蔬菜選擇以葉菜類為好。